MANUEL

DE

TRAVAUX DE CAMPAGNE

DE L'OFFICIER D'INFANTERIE

PAR

Le Lieutenant C.-L. GATIN

DOCTEUR ÈS SCIENCES

AVEC 166 FIGURES

LIBRAIRIE MILITAIRE BERGER-LEVRAULT

PARIS | NANCY
5-7, RUE DES BEAUX-ARTS | RUE DES GLACIS, 18

1915

Prix : 2 francs

MANUEL

DE

TRAVAUX DE CAMPAGNE

DE L'OFFICIER D'INFANTERIE

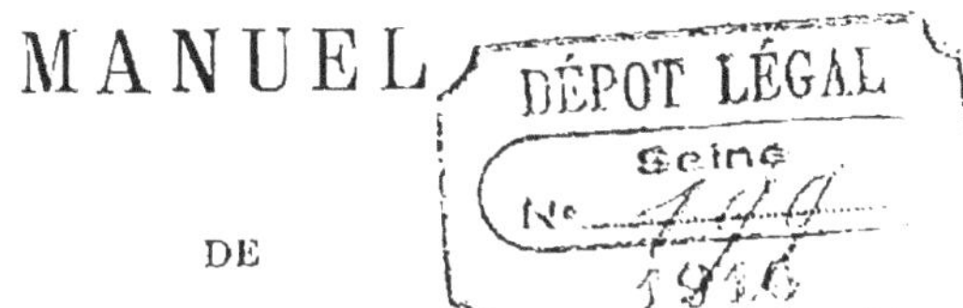

MANUEL
DE
TRAVAUX DE CAMPAGNE
DE L'OFFICIER D'INFANTERIE

PAR

Le Lieutenant C.-L. GATIN
DOCTEUR ÈS SCIENCES

AVEC 166 FIGURES

LIBRAIRIE MILITAIRE BERGER-LEVRAULT

PARIS | NANCY
5-7, RUE DES BEAUX-ARTS | RUE DES GLACIS, 18

1915

INTRODUCTION

Il serait superflu d'insister sur le rôle important que jouent les divers travaux de campagne dans la guerre actuelle. D'autre part, il faut bien avouer que notre Règlement présentait, à ce sujet, de trop nombreuses lacunes. C'est dans le but d'essayer d'en combler quelques-unes que j'ai rédigé cet ouvrage, en m'inspirant des enseignements de la guerre et des données contenues dans nos règlements du génie ainsi que dans les règlements des armées étrangères. J'ai essayé de faire de ce livre un manuel de l'officier en campagne, aussi bien qu'un guide pour l'instructeur au dépôt.

Je le dédie à mes chefs et aux camarades des deux régiments avec lesquels j'ai eu l'honneur d'être sur le front, le 134e d'infanterie et le 1er mixte.

Aux Armées, le 24 octobre 1915.

MANUEL
DE
TRAVAUX DE CAMPAGNE
DE L'OFFICIER D'INFANTERIE

TITRE I
PROCÉDÉS TECHNIQUES

CHAPITRE I
EMPLOI ET TRAVAIL DU BOIS

PIQUETS. — Les piquets sont de grosseur et de hauteur variables suivant l'usage auquel on les destine. Ils sont coupés à l'aide de serpes, scies ou haches.

La taille de la pointe se fait à l'aide d'une serpe, en plaçant l'extrémité à tailler sur un morceau de bois formant billot.

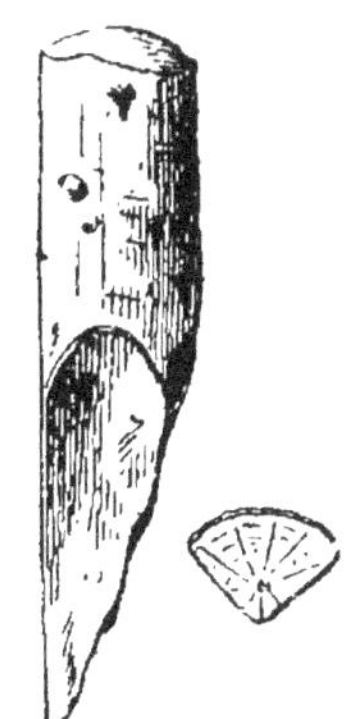

Fig. 1.

La pointe est généralement faite du côté le plus mince du piquet. Elle est faite en deux coups de serpe et se trouve alors avoir une section triangulaire, en même temps qu'elle est constituée par les parties les plus dures du bois.

Pour faire les piquets, on doit constituer un atelier

de deux hommes. Ils doivent avoir au moins une hache et une serpe et, si possible, une scie à tenon.

GABIONS. — Les gabions, sauf dans certains cas particuliers où ils sont exécutés à la demande, doivent être faits suivant les dimensions réglementaires et avec le plus de régularité possible, parce que leurs dimensions réglementaires correspondent aux conditions de solidité, de résistance à la poussée des terres et de commodité qu'une expérience ancienne a déterminées comme étant très favorables.

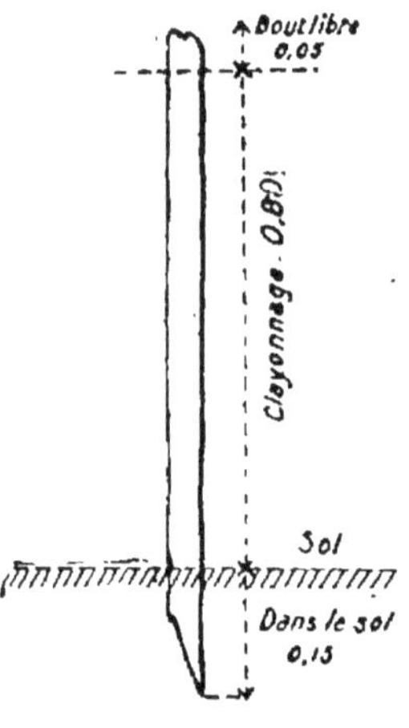

Fig. 2.
Dimension d'un piquet.

Les gabions se font par ateliers de 2 hommes. Ils sont constitués par 7 piquets de 1 m de longueur et de 3 à 5 cm de diamètre sur lesquels on clayonne 80 à 100 gaulettes ou clayons en bois souple (le chêne donne de bons gabions) ayant 1,80 m de longueur moyenne et 12 à 18 mm au gros bout. Les menus brins peuvent être laissés adhérents.

Le gabion terminé est consolidé avec 8 harts.

Outils nécessaires : serpes, maillet, vrille et pince dans le cas où l'on fixe les gabions avec du fil de fer.

Un homme, sur un emplacement horizontal, trace sur le sol, avec 2 piquets et une ficelle, une circonférence de 26 cm de rayon (le diamètre intérieur du gabion est de 52 cm, le diamètre externe de 60 cm). Cette circonférence est divisée en 7 parties égales et on enfonce un piquet de 15 cm dans le sol à chaque point de division. Les piquets sont enfoncés obliquement, de manière à laisser entre eux à leur sommet une circonférence de 25 à 30 cm. A leur base, les axes

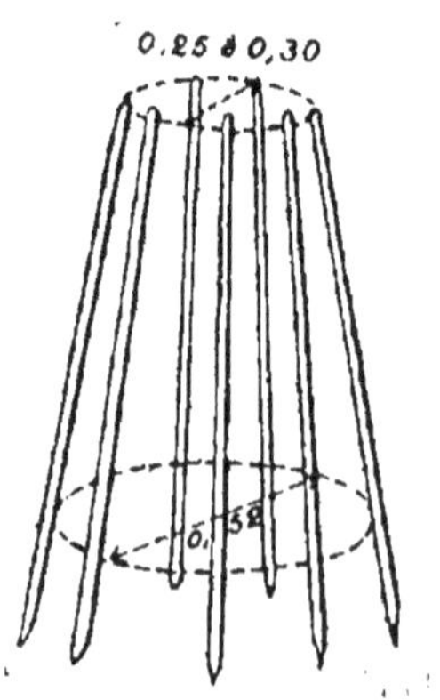

Fig. 3.
Pose des piquets.

des piquets sont distants les uns des autres, en ligne droite, de 22 cm environ.

Lorsqu'on a un grand nombre de gabions à faire, il y a avantage à employer un gabarit constitué par un cercle en bois de 52 cm de diamètre portant 7 entailles demi-circulaires qui marquent la place des piquets.

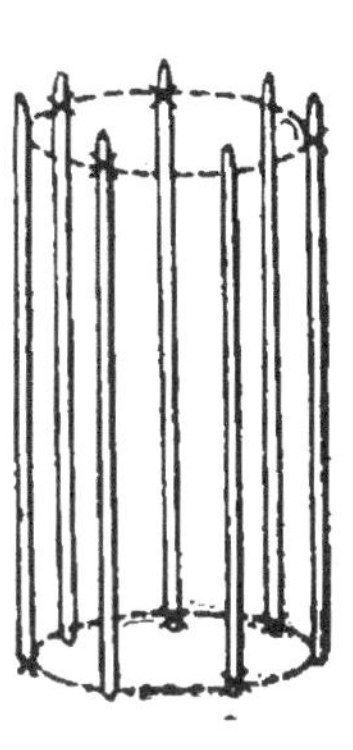

Fig. 4.
Schéma montrant la position des harts.

Pendant que le premier homme constitue ainsi l'atelier, le second prépare les gaulettes ou clayons qu'il rassemble en poignées disposées à terre, rayonnant autour du gabion et le gros bout tourné vers lui.

Les deux hommes s'accroupissent alors aux deux extrémités d'un même diamètre et le travail commence.

Il est toujours conduit avec deux clayons qui sont à la fois placés alternativement à l'intérieur et à l'extérieur des piquets et tressés ensemble.

Quand l'un des hommes a fait passer les deux clayons qu'il est en train de tresser autour des piquets situés vers lui, son camarade continue avec les mêmes clayons vis-à-vis des piquets placés de son côté.

Lorsque l'extrémité d'un clayon est trop fine, on l'enroule autour du gros bout du clayon suivant, mais en ayant soin que ce gros bout soit toujours placé à l'intérieur d'un piquet.

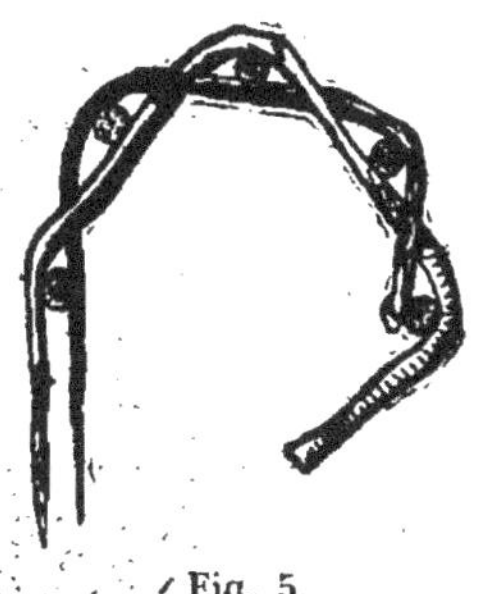

Fig. 5.
Schéma de la marche du clayonnage.

Pendant le début du clayonnage tout en tressant le bois, on tire sur les piquets pour obtenir leur redressement. On continue ensuite à monter le clayonnage jusqu'à 80 cm de haut.

Enfin, il faut constamment serrer le clayonnage, soit en frappant dessus avec un maillet, soit en le pressant avec les mains ou les pieds.

Si le bois présente une certaine tendance à se casser, il faudra le tordre avec précaution, à la manière d'une hart.

Le gabion terminé est assujetti au moyen de harts

ou de fils de fer (Voir plus loin la façon de les poser) aux points indiqués par le schéma ci-dessus.

Le gabion doit toujours être employé la pointe des piquets en l'air.

Deux hommes exercés mettent quarante-cinq minutes à une heure à construire un gabion.

Le poids du gabion terminé atteint 18 à 20 kg.

Pour transporter les gabions, on a le choix entre divers procédés :

1° Port sur les épaules, deux piquets embrassant le cou;

2° Port, par deux hommes, de deux gabions enfilés sur une perche de 5 m environ, placée sur l'épaule;

Fig. 6. — Port des gabions.

3° Port à la main, au moyen d'une poignée en hart fixée au tiers supérieur, et qui traverse le gabion de part en part;

4° Port sur deux perches, tenues par deux hommes, et formant un brancard sur lequel deux gabions peuvent être couchés en travers;

5° Port sur l'épaule, au moyen de la pelle dont le manche est passé à travers deux parois diamétralement opposées du gabion;

6° On peut encore, sur une courte distance, rouler les gabions.

Petits gabions. — Pour faire des créneaux, on construit de petits gabions qui s'exécutent comme les grands, mais qui sont de forme conique, ce qui est obtenu en donnant aux piquets une inclinaison que l'on conserve en exécutant le travail.

Ils sont exécutés avec des gaulettes de 8 mm tressées sur 5 piquets de 70 cm enfoncés de 15 cm en terre.

Le clayonnage s'exécute sur 50 cm de haut. Le diamètre inférieur intérieur du gabion est de 25 cm, le diamètre supérieur de 15 cm. La distance existant entre les piquets, à leur base, est de 15 cm.

On peut donner une forme elliptique à ces petits gabions, vers leur base.

Claies. — Les claies s'exécutent d'après les mêmes principes que les gabions, mais elles sont constituées par un clayonnage en surface plane au lieu d'un clayonnage en surface courbe.

On confectionne les claies avec 6 piquets à gabions et des gaulettes de même dimension que celles qui servent à faire les gabions.

Chaque claie est construite par deux hommes pourvus de serpes, d'un maillet et d'un cordeau. En outre, il est nécessaire qu'un homme supplémentaire s'occupe d'approvisionner deux ateliers de claies.

A l'aide du cordeau, on place, sur une même ligne, les 6 piquets, en laissant entre leurs axes un intervalle de 40 cm, de manière à avoir une longueur totale de 2 m. Les piquets sont enfoncés de 15 cm dans le sol, et clayonnés jusqu'à une hauteur de 80 cm.

Les clayons peuvent être coupés lorsqu'ils se terminent à l'extrémité de la claie, mais il est indispensable d'en faire tourner un certain nombre autour des piquets extrêmes.

Lorsqu'elle est terminée, la claie est maintenue à l'aide de harts disposés comme l'indique le croquis ci-contre.

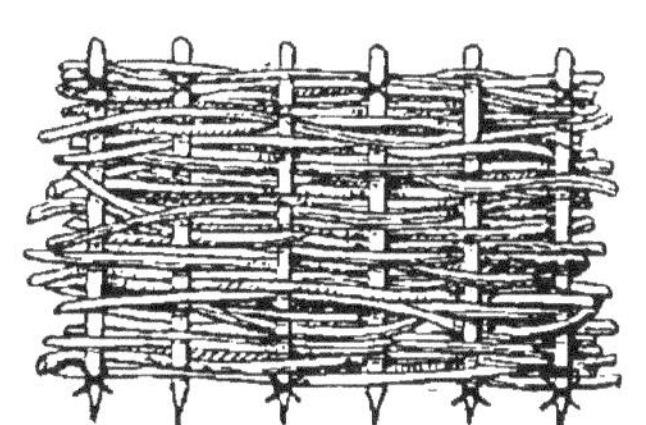

Fig. 7. — Place des harts dans une claie.

Au cours de son exécution, le clayonnage doit être serré avec le maillet ou avec les pieds, comme celui des gabions.

Civières. — Les civières sont des brancards courts servant à transporter des matériaux. Elles s'exécutent d'après les mêmes principes que les claies, mais les deux piquets extrêmes sont plus forts et dépassent de chaque côté le clayonnage de 40 cm.

La civière terminée, on fixe (aux endroits indiqués en pointillé sur la figure) deux traverses de bois pour maintenir la solidité de l'ensemble. Ces traverses sont fixées aux piquets de la civière par des harts.

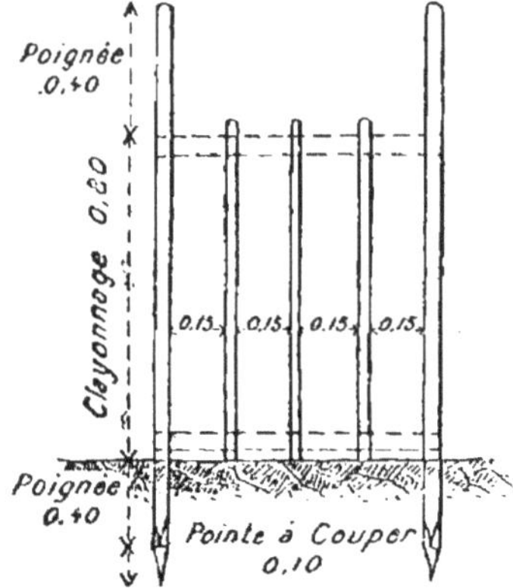

Fig. 8. — Préparation d'une civière.

Une semblable civière est exécutée par deux hommes munis d'un maillet et d'une serpe en une heure.

Pour transporter des blessés, on peut fabriquer des civières semblables, mais il faut employer des montants plus forts et faire un clayonnage de 2 m de long.

Petites claies. — On emploie des claies plus petites pour soutenir des marches d'escaliers, de parapets, etc.

Elles s'exécutent à la demande, souvent au point même où elles doivent être utilisées, à l'aide de gaulettes de 8 mm de diamètre environ. Le nombre des piquets dépend de la longueur que l'on veut donner à la claie. Ces piquets sont espacés de 20 cm et enfoncés en terre de 15 cm.

Fascines. — On nomme fascine un fagot très régulier, fait avec des gaulettes ayant 2m 50 de long, de 20 cm de diamètre, et très serré dans 4 harts dont le schéma ci-après indique la position. La fascine terminée pèse 18 à 20 kg.

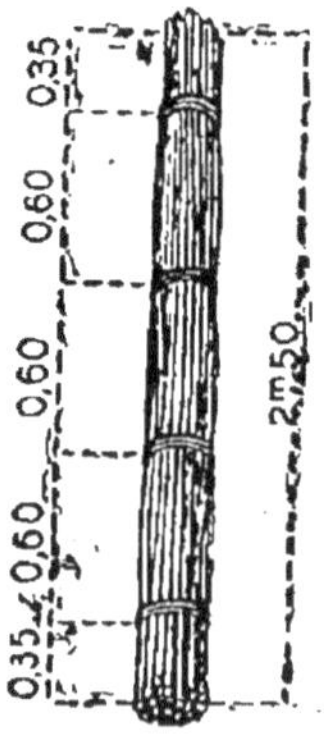

Fig. 9. — Fascine.

Quel que soit le procédé employé pour construire les fascines, il faut tout d'abord préparer les gaulettes. Pour cela, on constitue, sur une partie plane du terrain, un chantier composé, d'une part, d'un groupe de 3 piquets contre lesquels on vient placer le gros bout de la gaulette et, d'autre part, d'un billot, maintenu par 6 piquets à 2m 50 des 3 piquets précédents, et sur lequel on vient couper l'autre extrémité des gaulettes. Ce billot est un rondin de 20 cm à 30 cm de longueur, sur 10 cm à 12 cm de diamètre. Il faut couper ainsi environ 25 gaulettes. On choisit pour cela du bois ayant 20 à 25 mm de diamètre.

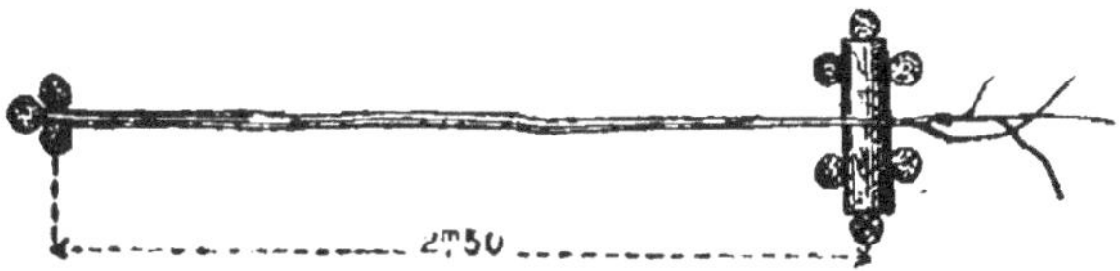

Fig. 10. — Préparation des gaulettes.

La préparation des gaulettes nécessite deux hommes. L'un d'eux ébranche les gaulettes, en redresse les brins courbes en faisant, à la serpe, de légères entailles dans les parties concaves. L'autre, placé près du billot, appuie le gros bout des gaulettes contre les piquets jointifs, et coupe successivement ces gaulettes à la longueur voulue d'un coup de serpe donné sur le billot.

1° *Construction des fascines sur chevalet.* — Lorsqu'on a un grand nombre de fascines à faire, il est préférable d'employer ce procédé. Le chantier est plus long à établir que dans le procédé suivant, mais la construction des fascines est ainsi plus aisée.

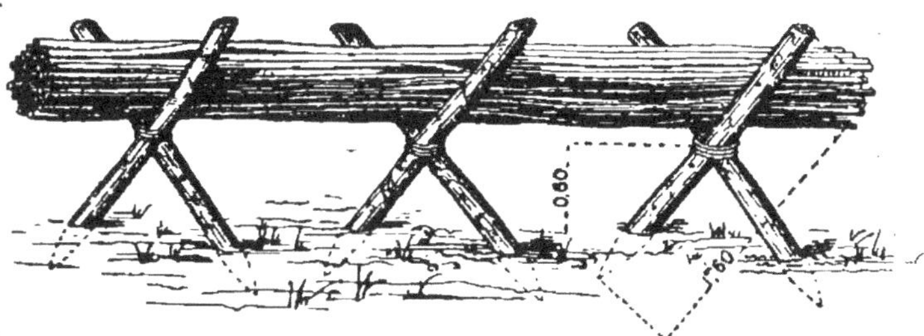

Fig. 11. — Fascines sur chevalet.

On établit trois chevalets disposés parallèlement et

à 1^{m} 75 les uns des autres. Chacun d'eux est constitué par deux piquets inclinés, enfoncés en terre, et se croisant à peu près à angle droit, à 60 cm au-dessus du sol. Ces deux piquets sont fixés l'un à l'autre au moyen de harts, cordes ou fils de fer.

Une quantité suffisante de bois ayant été préparée ainsi qu'il a été dit plus haut, les deux hommes qui ont précédemment préparé les gaulettes les disposent sur le chevalet en mettant avec soin les plus belles à l'extérieur et les menues branches dans le milieu, de manière à constituer un fagot plus gros que la dimension voulue.

Il faut alors serrer ce fagot au moyen d'un appareil dit cabestan, constitué par une forte corde terminée, à chacune de ses extrémités, par une boucle dans laquelle on engage un levier.

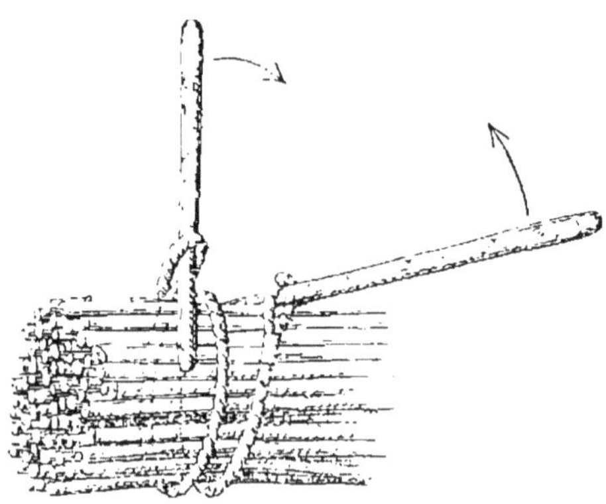

Fig. 12. — Serrage au cabestan.

Les deux hommes serrent le fagot le plus possible et un troisième vérifie, avec une corde ou une chaînette ayant exactement 63 cm de long, que la fascine a bien la circonférence voulue. Si cela est réalisé, on fixe le fagot par des harts ou des fils de fer aux points indiqués plus haut.

Le cabestan doit être serré à 5 cm environ de l'endroit où l'on doit mettre les harts ou les fils de fer (Voir plus loin). Trois hommes exercés font une fascine en vingt minutes environ.

2° *Construction de fascines sans chevalets.* — Le procédé de construction est le même, seule la disposition du chantier est différente, et conforme aux figures ci-dessous.

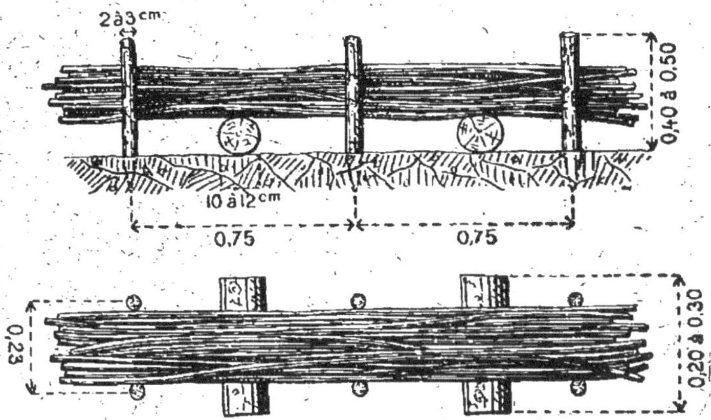

Fig. 13. — Fascines sur billots.

Au besoin, on creuse un peu le sol au-dessous de l'emplacement des harts pour faciliter leur mise en place.

Harts. — La confection des harts requiert des bois aussi souples que possible. Les rejets doivent être choisis de préférence aux branchages, dont tous les nœuds constituent des points de rupture.

Confection des harts. — Pour faire des liens en bois ou harts, on emploie les gaulettes les plus minces et les plus souples que l'on débarrasse de leurs menus brins et de leurs feuilles.

Fig. 14. — Confection des harts.

Les harts peuvent être confectionnés avec ou sans piquet. Dans le premier cas, on plante en terre un solide piquet de 10 à 15 cm de diamètre dans la partie supérieure duquel on pratique une fente. Dans cette fente, on engage l'extrémité la plus fine des rameaux que l'on veut transformer en hart. Il faut ensuite tordre doucement le brin autour de son axe, de façon à en rompre les fibres, tout en l'enroulant autour du piquet. On obtient ainsi une corde de bois souple et résistante.

A défaut de piquet, on place le gros bout de la hart que l'on veut confectionner sous le pied et l'on tord progressivement avec la main droite à partir du petit bout en maintenant la hart de la main gauche.

Si la gaulette est un peu longue, on la fait avancer sous le pied au fur et à mesure de l'avancement du travail.

Un homme peut confectionner de 20 à 30 harts par heure.

Usage des harts. — On peut, par avance, préparer une boucle à l'une des extrémités de la hart, mais la hart à boucle est toujours moins résistante que la hart sans boucle. Pour lier des fascines, si l'on veut se servir de harts à boucle, on les emploie comme un nœud coulant, et on recourbe le brin libre de manière à former une deuxième boucle en sens inverse de la première.

Fig. 15. Hart à boucle.

Avec une hart simple, on passe la hart au-dessous de la fascine, on joint les bouts au-dessus par un nœud simple, bien serré et battu au maillet, et l'on tresse chaque brin libre autour de la partie de la hart qui entoure la fascine. On noie ensuite les extrémités dans le corps de celle-ci.

Pour arrêter les gabions, on opère de la manière suivante :

Si la hart est avec boucle, en engager le bout libre, de l'intérieur à l'extérieur, tout contre un piquet, à 15 cm environ au-dessous du clayonnage, et le tirer jusqu'à ce que la boucle touche presque les clayons.

Tordre ensuite légèrement la hart et en passer l'extrémité dans la boucle, de manière à embrasser la tête du piquet; engager le bout libre deux ou trois fois entre la hart et le clayonnage en tirant vers le bas pour former une tresse régulière; l'enrouler autour du piquet et le noyer dans le clayonnage.

Il faut, en même temps, frapper avec un maillet sur

la hart, pour l'appliquer exactement contre le piquet et le clayonnage. Lorsque la hart n'a pas de boucle, on l'engage dans le clayonnage contre un piquet, jusqu'au milieu de sa longueur, et on relève les deux moitiés le long des faces intérieure et extérieure du clayonnage. On les fait passer ensuite au-dessus des clayons et de l'autre côté du piquet en entourant ce piquet avec les bouts de harts et en serrant fortement, tout en frappant avec un maillet. On engage alors deux fois chaque bout entre le clayonnage et la hart pour former une tresse, on leur fait ensuite traverser le clayonnage en embrassant les piquets, et on les perd dans le clayonnage.

Abatage des arbres. — Pour abattre un arbre, on attache deux cordes à cet arbre aux deux tiers de sa hauteur à partir du pied. On pratique ensuite, dans le tronc à l'aide d'une hache, d'une scie articulée ou d'une scie passe-partout, deux entailles à 40 cm et 50 cm du sol, en commençant par la plus basse.

Fig. 16. — Abatage des arbres.

On provoque la chute en exerçant des tractions sur les cordes, les hommes se tenant à droite et à gauche de l'endroit où l'arbre va venir tomber.

Préparation d'un pieu de grandes dimensions. — Lorsqu'on veut préparer un pieu de grandes dimensions, destiné à être enfoncé à l'aide d'une masse, il faut avoir soin, pour en prévenir l'éclatement, d'en abattre les arêtes, et de le serrer avec une couronne en fil de fer.

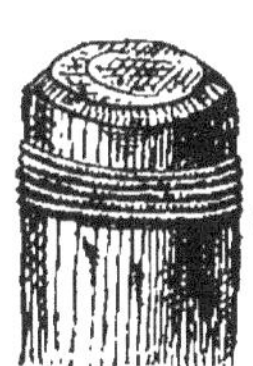

Fig. 17. — Pieu préparé.

CHAPITRE II

TRAVAIL AVEC LES CORDAGES — BRÉLAGES

CONSTITUTION D'UN CORDAGE. — Un cordage est constitué par plusieurs torons tordus sur eux-mêmes dans un certain sens et s'enroulant les uns sur les autres en sens inverse de leur torsion propre. Les extrémités des cordages doivent être garnies d'une ligature en ficelle pour les empêcher de se détordre. Les premiers tours de la ligature sont faits par-dessus l'un des bouts de la ficelle qui se trouve ainsi retenue fortement. Pour que le deuxième bout soit également pris sous le ficelage on passe les derniers tours sur un mandrin, ce qui permet d'introduire ensuite l'extrémité de la ficelle sous la ligature. Ceci fait, on enlève le mandrin, on serre les tours un à un et on tire fortement le bout de ficelle pour le faire rentrer complètement dans la ligature. On coupe ce qui dépasse.

Fig. 18. Ligature de l'extrémité d'une corde.

TERMES TECHNIQUES. — *Lover un cordage.* — Disposer un cordage en un certain nombre de spires superposées, en observant de faire l'enroulement dans le même sens que celui des torons qui composent le cordage.

Brin libre. — Première extrémité qui se présente à la main lorsqu'on déroule un cordage, ou partie d'un cordage qui, n'étant ni amarrée ni engagée, peut être maniée librement.

Enroulement dans les nœuds. — Lorsque, dans un nœud, l'un des brins est enroulé autour de l'autre, le sens de l'enroulement doit être tel que le premier brin croise les torons du second. De cette manière, lorsqu'il se produit un effort sur le nœud, les torsions étant contrariées, les deux brins tendent à s'appliquer davantage l'un sur l'autre.

Nœuds élémentaires. — *Ganse.* — Ployer le cordage en rapprochant les deux brins sans les croiser.

Boucle. — Ployer le cordage en croisant un brin sur l'autre.

Nœud simple. — Faire une boucle comme dans le cas précédent, passer l'un des brins dans la boucle et serrer.

Fig. 19. — Ganse.

Fig. 20. — Boucle.

Fig. 21. Nœud simple.

Nœud simple gansé. — Faire une boucle, former une ganse avec l'un des brins, passer cette ganse dans la boucle, serrer en tirant sur l'autre brin.

Pour défaire le nœud, tirer sur le brin libre de la ganse.

Nœud double. — Faire un nœud simple, puis, avant de serrer, repasser une deuxième fois l'un des brins dans la boucle, dans le même sens que pour faire le nœud simple.

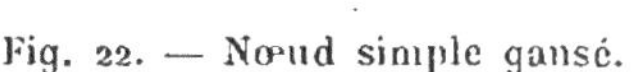

Fig. 22. — Nœud simple gansé.

Fig. 23. — Nœud double.

Nœud allemand. — Former une boucle avec brin libre en dessus, passer ce brin autour de l'autre et l'introduire dans la boucle de dessus en dessous. Serrer.

Nœud servant à hisser un homme. — Faire un nœud allemand à 2 m du bout d'une corde, repasser le brin libre dans le nœud et réunir par un ficelage les deux brins parallèles.

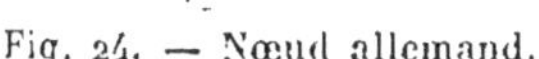

Fig. 24. — Nœud allemand.

Fig. 25.

Nœuds de jonction. — *Nœud droit.* — Former une ganse à l'extrémité de l'une des cordes, introduire le brin libre de l'autre corde dans cette ganse, de dessous en dessus par exemple; entourer avec le bout qui sort de la ganse les deux brins de la première corde, puis repasser ce bout dans la ganse de dessus en dessous. Serrer. Lorsque les cordages sont un peu raides, ce nœud peut se défaire. On y remédie en fixant les bouts libres au moyen de ligatures en ficelles sur les longs brins correspondants.

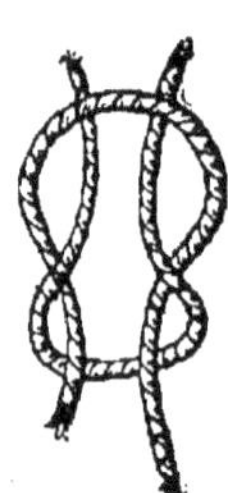

Fig. 26.
Nœud droit.

Nœud droit gansé. — Faire un nœud droit et, avant de serrer, replier l'un des bouts libres et l'introduire dans le nœud. On défait le nœud en tirant sur le bout libre de la ganse ainsi formée. Ce nœud ne peut se faire qu'avec des cordes de faible diamètre.

Nœud de tisserand. — Sert à réunir entre elles des cordes d'inégales grosseurs. Faire une ganse à l'extrémité de la corde la plus grosse. Introduire l'autre corde dans cette ganse, et la tourner autour des deux brins comme pour faire un nœud droit; engager le bout libre de la deuxième corde entre la ganse et le brin déjà passé dedans. Serrer.

Joint anglais. — Juxtaposer sur une certaine longueur les deux cordes à réunir et faire au bout de chacune d'elles un nœud simple embrassant l'autre corde. Serrer en tirant sur les deux cordes.

Fig. 27. — Nœud de tisserand.

Fig. 28. — Joint anglais.

Jonction par un nœud simple. — Former un nœud simple non serré à l'extrémité d'une des cordes, engager l'autre corde dans le nœud et lui faire suivre les contours de la première corde jusqu'à sa sortie du nœud. Serrer.

Ce nœud, très facile, est recommandable dans la plupart des cas.

Nœuds d'amarrage. — Ces nœuds trouvent principalement leur application dans la construction de passerelles, l'abatage des arbres, etc.

Nœud coulant simple. — Former une ganse autour du point d'attache. Faire avec le brin libre un nœud simple autour de l'autre brin. Serrer.

Amarrage en tête d'alouette. — 1° Amarrage à un pieu que l'on peut coiffer. — Faire une ganse, ployer les deux brins réunis pour les engager dans cette ganse, coiffer le pieu avec ces brins et serrer.

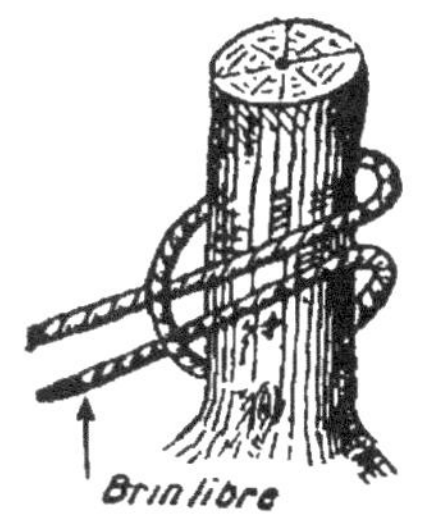

Fig. 29. — Amarrage en tête d'alouette.

2° Amarrage à un objet que l'on ne peut coiffer. — On passe la corde autour de l'objet en ramenant le brin libre sous l'autre. On fait un deuxième tour au-dessus et en sens contraire du premier, on passe le bout libre entre les deux tours et on serre.

En tout cas, le brin libre est relié à l'autre au moyen d'une ficelle ou par un nœud simple fait soit avec le brin libre autour du brin amarré, soit avec les deux brins ensemble. Dans ce cas, on peut employer la corde en double dans toute sa longueur.

Nœud coulant sur double clef. — Ce nœud est employé dans tous les brélages : aussi doit-il être bien connu.

Passer le brin libre autour du point d'amarrage, croiser ensuite ce brin avec l'autre, le ployer et l'enrouler en retour sur lui-même. Serrer fortement.

Fig. 30. — Nœud coulant sur double clef.

Fig. 31. — Nœud de batelier.

Nœud de batelier. — Ce nœud se fait également avec de la ficelle, et il est très employé dans le maniement des explosifs. Il prend alors le nom de nœud d'artificier.

1° Amarrage à un pieu que l'on peut coiffer. — Faire deux boucles l'une près de l'autre, de manière que le brin commun soit en dessus dans l'une et en dessous dans l'autre, superposer les deux boucles de façon que les brins communs soient à l'extérieur, et coiffer.

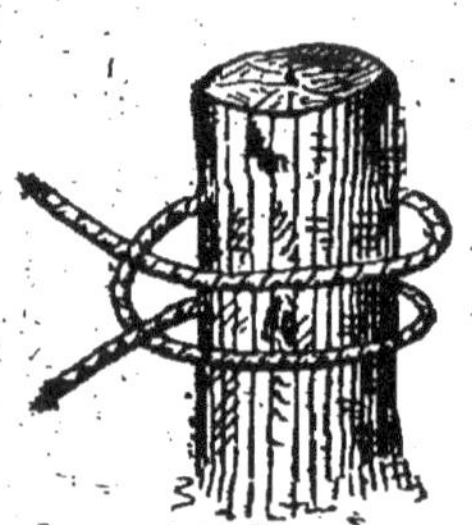

Fig. 32. — Nœud de batelier.

2° Amarrage à un arbre. — Passer la corde autour de l'arbre auquel on s'amarre en ramenant le brin libre sous l'autre, faire ensuite un deuxième tour au-dessus du premier, et passer l'extrémité libre entre les deux tours. Serrer.

Raccourcissement d'une corde. — Il arrive souvent que l'on se trouve dans la nécessité de tendre une corde en la raccourcissant, ou encore de serrer une ligature. Dans les deux cas, on opère le plus fréquemment par garrotture. Au point que l'on désire tendre on fait une boucle dans laquelle on passe l'extrémité d'un billot ou garrot. Tourner celui-ci jusqu'à ce que l'on ait la tension voulue et le fixer le long de la corde par quelques tours de ficelle.

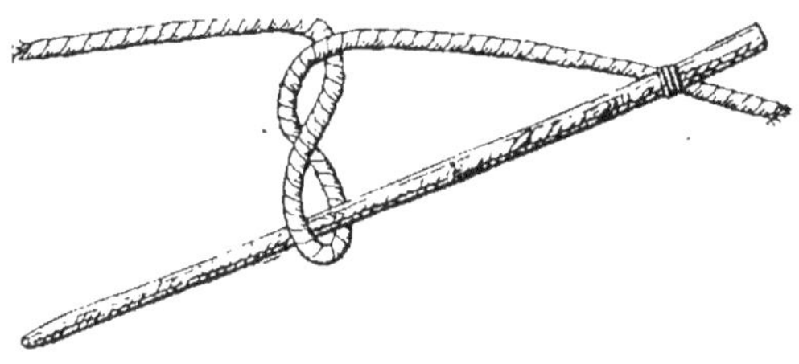

Fig. 33. — Raccourcir une corde.

Si la corde est déjà trop tendue pour que l'on puisse faire une boucle, on fait un tour en hélice autour du garrot, et l'on tord en agissant sur les deux extrémités du garrot.

Brélages.

On nomme brélages des assemblages faits en cordage ou en fil de fer. La partie de la ligature qui enveloppe les pièces par plus de 3 ou 4 tours jointifs est appelée garniture.

Les brélages en corde doivent être faits avec le plus grand soin, car ils ont tendance à se desserrer. Ils sont fréquemment et minutieusement vérifiés.

Brélages en cordages. — *Brélages de deux poutrelles juxtaposées.* — 1° Les poutrelles sont équarries. — Si les faces en contact ont la même largeur, appliquer longitudinalement contre les deux poutrelles une ganse *a b c d* faite à l'extrémité d'une corde et un peu plus longue que ne doit l'être la garniture; ployer le long brin à angle droit, en *d*, suivant *d e f;* le passer dans le pli *e d c* suivant *d g* et recouvrir la ganse, jusque vers son extrémité, de tours serrés et jointifs; passer alors le restant du long brin *c z* dans le bout *c* de la ganse; tirer fortement le petit brin *a b* qui dépasse la garniture pour bien faire serrer les divers tours, et le réunir à l'autre bout *c z* de la corde par un nœud droit fait au-dessus de la garniture.

Coupe *x y*.

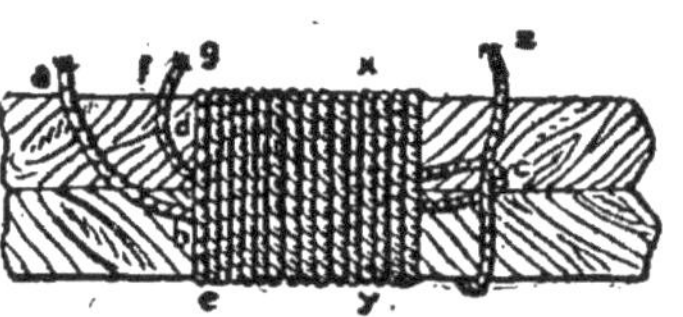

Plan (avant le nœud final).

Poutrelles non équarries.

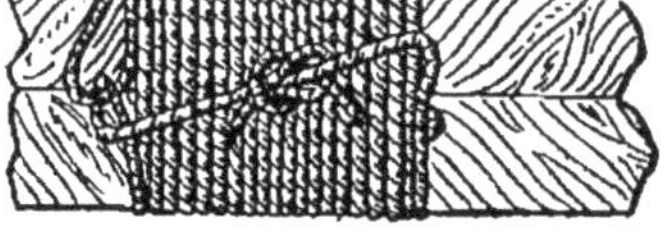

Plan (après le nœud final, nœud droit).

Coins pour poutrelles non équarries.

Fig. 34. — Brélage de deux poutrelles juxtaposées.

Si les faces en contact n'ont pas la même largeur, appliquer contre la poutrelle la moins large, une ou deux pièces de bois équarries de dimensions suffisantes pour racheter la différence de largeur et pour dépasser des deux côtés la garniture à exécuter.

2° Les poutrelles ne sont pas équarries. — On fait le brélage comme celui de deux poutrelles équarries de même largeur, puis on chasse avec force des morceaux de bois ou coins dans les vides compris entre la garniture et les pièces à réunir.

Pour des poutrelles en grume, les coins sont faits de préférence avec un rondin refendu en quatre.

Brélages reliant deux poutrelles horizontales qui se croisent à angle droit. — 1° Les deux poutrelles sont équarries. — Avec le bout d'une commande, de longueur suffisante, faire autour d'une poutrelle et contre l'autre poutrelle, un nœud coulant sur double clef, bien serré et fermé à l'un des points de rencontre des arêtes. Enrouler ensuite la corde autour des deux

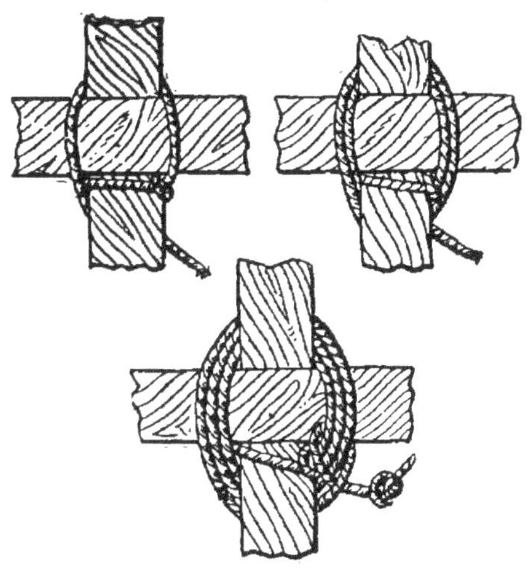

Fig. 35. — Brélage de deux poutrelles équarries.

poutrelles comme l'indique la figure; arrêter le brin libre au moyen d'une ou de deux boucles embrassant les tours de corde, et faire au bout un nœud simple gansé.

2° Aucune des poutrelles n'est équarrie. — On peut

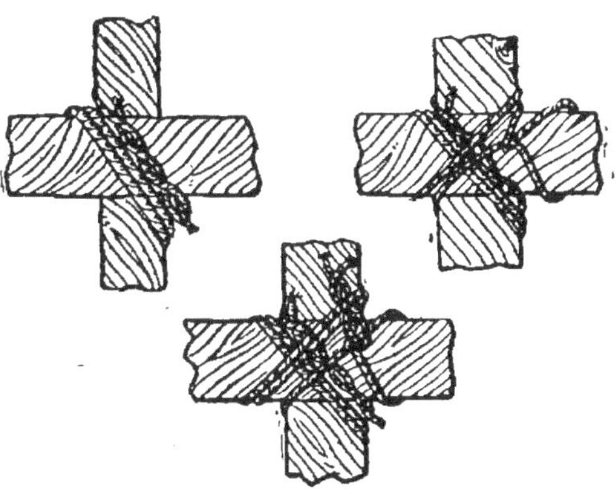

Fig. 36. — Brélage de deux poutrelles non équarries.

faire le brélage comme ci-dessus, mais il est préférable d'opérer de la manière suivante :

Embrasser diagonalement, au moyen d'un nœud coulant sur double clef, les deux poutrelles à relier; replier la corde en sens inverse du nœud et la passer deux ou trois fois autour des poutrelles suivant la même diagonale; la diriger ensuite sur l'autre diagonale; au point où elle croise les premiers tours, la dévier à angle droit en la maintenant provisoirement avec la main; la passer sous la poutrelle qu'elle touche et l'engager dans le pli qu'on vient de former; la ramener en arrière, suivant la diagonale perpendiculaire au nœud coulant, la tendre fortement et faire quelques tours dans le même sens. Terminer comme dans le cas précédent.

3° Une seule des poutrelles est équarrie. — Faire un nœud coulant sur double clef autour de la poutrelle équarrie, comme dans le premier cas; puis, enrouler la corde autour des deux pièces, en l'appliquant obliquement sur la poutrelle non équarrie et carrément sur la poutrelle équarrie. Arrêter la ligature comme précédemment.

Fig. 37. — Brélage d'une poutrelle en grume sur une poutrelle équarrie.

Brélage étranglé. — Pour augmenter la tension des tours de corde dans les deux derniers cas, on peut faire un brélage étranglé, c'est-à-dire étrangler les tours en les serrant au moyen d'autres tours placés entre les deux poutrelles.

Brélages fixant une poutre horizontale à un poteau

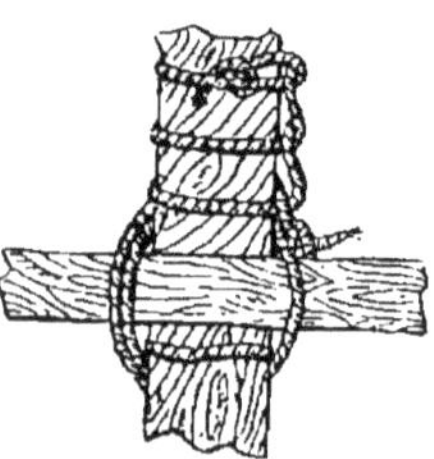

Pièces équarries.

Fig. 38.

Pièces non équarries.

Fig. 39.

vertical. — Amarrer d'abord la corde au poteau vertical par un nœud coulant sur double clef, au-dessous duquel on fait une ou deux demi-clefs, puis passer le brin libre en avant de la poutre horizontale et faire un ou plusieurs tours morts autour du poteau, en dessous de la poutre. Continuer ensuite la ligature comme il est dit plus haut. Arrêter enfin au moyen de taquets cloués ou de broches les tours de corde faits autour du poteau vertical.

Fig. 40. — Croix de Saint-André.

Brélages de deux pièces en croix de Saint-André. — Embrasser les deux pièces à leur point de croisement par un nœud coulant sur double clef fait suivant la plus petite diagonale et bien serré; replier la corde en arrière et l'enrouler plusieurs fois autour des deux pièces, arrêter la garniture et l'étrangler.

On empêche les deux pièces de s'écarter, au moyen d'une garrotture et l'on retient celle-ci au moyen d'une légère entaille ou de quelques clous ou crampons enfoncés dans le bois, contre la corde ou entre deux de ses tours.

Fig. 41. — Brélage d'une chèvre improvisée.

Si la garniture ci-dessus doit servir de point de suspension pour des fardeaux — comme dans une chèvre improvisée — faire au moins dix tours de corde d'un côté du point de croisement et les étrangler par un tour incomplet de manière à revenir au premier tour; faire alors un nombre égal de tours de l'autre côté de ceux-ci, puis étrangler les vingt tours comme ci-dessus.

CHAPITRE III

TRAVAIL DU FIL DE FER

Pour faire les brélages et ligatures, on emploie du fil de fer ayant de 1 à 2 mm de diamètre. Un fil de fer plus faible en diamètre est trop cassant et un fil de fer plus fort s'applique mal sur les pièces à bréler.

Il est indispensable, avant de se servir du fil de fer, de l'enrouler sur une bobine constituée par une baguette en bois que l'on puisse tenir solidement dans la main. Dans les ligatures et brélages, il faut maintenir le fil bien tendu, pour l'appliquer sur les pièces à réunir, en frappant, au besoin, les pièces avec de petits coups de maillet.

Fig. 42. — Bobine de fil de fer.

Il ne faut jamais superposer deux tours, mais appliquer les tours successifs étroitement les uns contre les autres, le fil étant enroulé suivant une hélice régulière.

Les brélages métalliques doivent toujours être coincés, ils ne doivent pas être commencés dans un angle; si une des pièces a tendance à glisser sur l'autre, on prend des dispositions pour éviter ce glissement.

Un certain nombre de brélages en corde, précédemment décrits, peuvent être exécutés en fil de fer sans modification.

Les brélages en fil de fer sont à recommander dans la construction d'abris, de passerelles, de gourbis, etc.

Convenablement exécutés, ils offrent une très grande solidité.

Joints en fil de fer. — Pour raccorder entre eux deux morceaux de fil de fer, on constitue un joint.

Joint américain. — Les fils de fer sont placés côte à côte sur une longueur de 3 cm environ, et l'extrémité de chacun d'eux est entourée autour du fil voisin. Ce joint, moins résistant à la traction que le fil lui-même, constitue, par conséquent, un point faible.

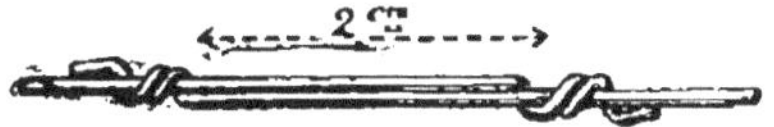

Fig. 43. — Joint américain.

Joint allongé. — Pour atteindre une résistance égale à celle du fil, il faut faire un joint allongé et avoir soin de lui donner une longueur suffisamment grande. Pour un fil de 1 à 3 mm, cette résistance est atteinte lorsque le joint a 1^{m} 45; si le fil est plus gros, le joint doit avoir une plus grande longueur, pour atteindre la même longueur que celle du fer.

Fig. 44. — Joint allongé.

Brélages en fil de fer. — Il convient, pour faire des brélages, d'employer du fil de fer de 1 à 2 mm de diamètre. Un fil plus faible se romprait trop aisément, tandis qu'un fil plus fort s'appliquerait mal sur les pièces à joindre.

Brélages de deux poutrelles juxtaposées. — Ce brélage s'exécute comme le brélage en corde permettant de relier ensemble deux poutrelles juxtaposées. Il faut arrondir les arêtes des pièces, dans le cas où celles-ci seraient équarries. Le brélage s'arrête en tordant les fils ensemble avec une pince plate, au lieu de faire un nœud droit. On donne encore plus de solidité au brélage en le maintenant vers chacune de ses deux marges, par une pointe recourbée.

Si l'assemblage doit présenter une résistance comparable à celle des pièces qu'il réunit, on aplanit un peu les surfaces en contact et on fait un certain nombre de brélages qui comprennent chacun :

1° Deux bagues de dix tours de fil de fer de 1^{mm}4 espacées de 20 cm, bien coincées;

Fig. 45. — Ancrage de pièces juxtaposées.

2° Une cheville en bois, forcée dans un trou percé à la tarière de 27 mm, à égale distance des bagues, et entre les deux perches.

Le nombre de brélages nécessaires est calculé à raison d'un brélage de deux bagues par 300 kg de traction.

Brélage de deux poutrelles horizontales se croisant a angle droit. — Ce brélage est exécuté comme un brélage en corde. On arrête le brin libre en l'enroulant plusieurs fois autour des deux ou trois derniers tours faits, et, au besoin, en le fixant avec une pointe.

Brélage fixant une pièce horizontale a un poteau vertical. — La pièce est maintenue à l'aide

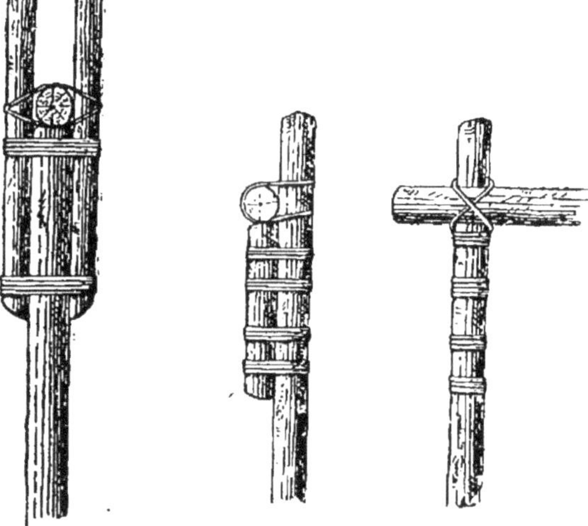

Fig. 46.
Brélage dans une griffe.

Fig. 47.
Brélage sur taquet.

d'une griffe ou d'un taquet brêlé, suivant qu'elle doit être placée sur le poteau ou contre le poteau.

La griffe, constituée par deux demi-rondins, se brêle par deux bagues de fil de fer. La pièce est placée entre les deux parties de la griffe, et maintenue par quelques tours de fil de fer placé en croix ou par des pointes.

Le taquet est brêlé contre le poteau à l'aide de bagues de fil de fer. La pièce horizontale est maintenue à l'aide d'une ligature en fil de fer, semblable aux brêlages en corde que l'on utilise pour maintenir l'une sur l'autre deux pièces horizontales se croisant à angle droit.

LIGATURES EN FIL DE FER DES GABIONS ET DES CLAIES. — Il est souvent commode de lier les gabions avec du fil de fer. Dans ce cas, on perce le piquet d'un trou de vrille à hauteur du cinquième ou du sixième clayon, on passe un fil de fer de 45 cm de longueur dans le trou, en laissant le bout extérieur plus long que l'autre. On fait embrasser le clayonnage à cette partie du brin, et on lui fait faire un tour autour du piquet, pour le réunir ensuite à l'autre bout, à l'intérieur du clayonnage. On tord enfin ces deux bouts à la main, et on les serre à la pince.

La ligature des claies est faite de la même manière.

Enfin, on peut également, à l'aide de fil de fer, procéder à la ligature des fascines.

CHAPITRE IV

TRAVAIL DE LA TERRE — ATELIERS

Généralités. — Le travail de la terre et son exécution par les troupes offrent des particularités techniques qui consistent dans le maniement des outils par l'homme, l'organisation et la discipline du travail, le placement des travailleurs sous le feu ou loin de l'ennemi.

Outils. Maniement. — Les outils qui sont à la disposition des troupes pour l'exécution des retranchements sont : les outils portatifs de troupes d'infanterie, les outils de parc des voitures légères d'outils, et enfin les outils de réquisition.

Les outils portatifs et de parc sont décrits dans les règlements. Les gradés doivent en connaître les dimensions.

Les outils réquisitionnés sont naturellement des modèles les plus variés. On aura principalement à les employer dans la guerre de mouvement, tandis que dans la guerre de tranchées le ravitaillement en outils se fait surtout par les voitures légères d'outils ou par les parcs du génie. Le maniement judicieux des outils de pionnier facilite et accélère l'exécution des travaux.

La pelle se tient avec une main près du fer, et avec l'autre près de l'extrémité du manche. La main droite est en avant lorsqu'on veut rejeter la terre à droite; la main gauche est en avant lorsqu'on rejette la terre à gauche.

Pour que la terre enlevée sur la pelle se détache du fer de l'outil d'un seul coup et aille au loin tomber à l'endroit voulu, il faut pousser fortement la pelle de la main qui est au bout du manche vers celle qui est au voisinage du fer et exercer une légère pression sur l'extrémité du manche.

La portée du jet d'un travailleur inexpérimenté est d'environ 3 m, la hauteur du jet est de 2 m. Un homme exercé peut atteindre 1 m de plus en largeur et en hauteur. Si la terre doit être rejetée au delà de ces limites, on dispose les travailleurs en plusieurs relais.

Pour frapper fort avec la pioche il faut, pendant que l'on abaisse l'outil, laisser glisser le manche dans la main qui est en avant. Un travailleur inexpérimenté peut, en une heure, manier à la pelle les quantités de terre suivantes :

Dans un sol facile, 1 m³ à 1m³ 400;

Dans un sol moyen, 750 dm³;

Dans un sol dur, 400 dm³.

L'exécution des terrassements, c'est-à-dire d'un déblai avec lancement de la terre, est un peu moins rapide; le tableau suivant donne, en mètres cubes, le travail exécuté à l'heure par l'homme :

(a) 1 piocheur pour 2 pelleteurs. (b) 1 piocheur pour 1 pelleteur.	TERRE légère	TERRE moyenne (a)	TERRE forte (b)
Travail continu pendant quatre heures. .	0,40	0,25	0,20
Travail à la tâche	0,80	0,50	0,40
Travail intensif par courtes pauses avec embrigadement	1 »	0,65	0,50

Le sol consistant et les gazons sont détachés en grands fragments qu'on emploie pour raidir les pentes des talus. Dans un sol gelé, on creuse à la pioche des rigoles qui séparent la surface du sol en grands fragments; on les attaque par en dessous, et on les sépare en frappant ou en piétinant dessus.

Si le sol est gelé plus profondément, on le brise avec des explosifs.

Enfin les hommes doivent être exercés dans toutes les positions au maniement des outils portatifs.

Distribution des outils. — La distribution des outils doit s'effectuer avec ordre, silence et rapidité. Pour l'effectuer, la voiture étant déchargée, on dispose les outils en un certain nombre de tas, contenant la même quantité d'outils, et dont la composition varie avec la manière dont les ateliers doivent être constitués. Le cas le plus fréquent est celui où l'on constitue des ateliers de 3 hommes comportant 1 piocheur et 2 pelleteurs. On dispose alors les outils en 3 tas : 1 tas de pioches et 2 tas de pelles. Ceci étant fait, on rassemble les travailleurs en ligne sur deux rangs, et, les ayant fait numéroter par trois, on les forme en colonne par trois. La colonne est dirigée sur les outils. Chaque file passe à gauche d'un tas, et chaque homme, en passant, saisit un outil à sa droite, sans ralentir la marche, la tête de colonne se dirigeant dans la direction indiquée par le chef.

Les outils sont remis en tas par les mêmes procédés. Chaque groupe de deux pelleteurs et un piocheur constitue un atelier.

Placement des travailleurs. Détermination pratique de la longueur des ateliers. — Nous supposerons, tout d'abord, que l'opération se fait hors des vues de l'ennemi, et nous verrons ensuite quelles

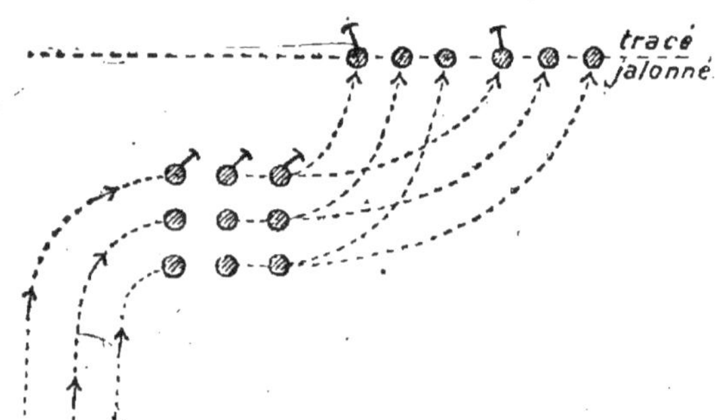

Fig. 48. — Schéma de la marche de la colonne de travailleurs et du déploiement le long du tracé jalonné. Le signe ♂ indique les piocheurs.

modifications il convient d'apporter, en présence de l'ennemi, au placement des travailleurs. La colonne par trois étant formée, se dirige vers une extrémité de la tranchée à construire, perpendiculairement au tracé fait à l'avance par des piquets ou des jalonneurs.

Arrivée à l'extrémité de la tranchée, la colonne change de direction pour se placer parallèlement au tracé, et les hommes se déploient, ainsi que l'indique le schéma ci-contre (fig. 48) tout le long du tracé. Il convient alors que la ligne de travailleurs jalonne exactement le tracé, et que, d'autre part, l'espacement des pionniers sur la ligne soit réglé de manière à rendre uniforme la tâche de chaque atelier.

L'exécution de la première de ces conditions : alignement des travailleurs le long du tracé, est assurée, en premier lieu, par les hommes eux-mêmes, qui se placent le long du cordeau ou des piquetages, ou encore s'alignent sur les jalonneurs. En outre, leur alignement est vérifié par des sous-officiers qui, notamment aux points remarquables (redans, pare-éclats, etc.), veillent au placement convenable des travailleurs.

La seconde condition, espacement des travailleurs sur la ligne, peut être réalisée de diverses manières :

a) Lorsque la troupe est munie d'outils de parc réglementaires, les hommes disposent d'eux-mêmes

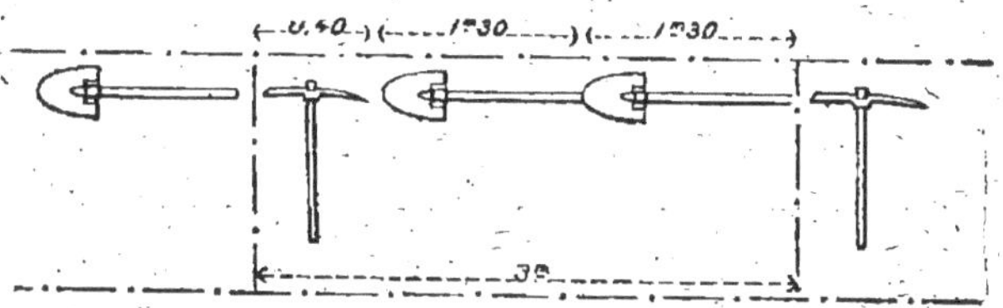

Fig. 49. — Schéma de la délimitation d'un atelier.

les outils devant eux et le long du tracé, ainsi que l'indique la figure 49. Les sacs, fusils et équipements peuvent être déposés en arrière, les fusils appuyés sur les sacs, la crosse vers l'ennemi, à portée de la main du travailleur.

Au commandement de « Haut les bras ! », précédé de l'indication de la nature de la tranchée à effectuer, chaque piocheur délimite la tâche de son atelier en creusant dans le sol, avec la pointe de la pioche, une petite rigole tracée suivant les lignes figurées sur le schéma par des traits et des points; cette ligne délimite la partie du fossé à creuser par chaque atelier, dont le front occupe 3 m, c'est-à-dire 1 m par homme. Le travail commence aussitôt sans ordre nouveau;

b) Lorsque l'on ne dispose pas d'outils réglementaires, la délimitation des ateliers se fait d'une manière différente. Sous la direction des sous-officiers, les hommes s'alignent le long du tracé, mais se placent de manière à ce que la pointe de leurs pieds soit exactement placée sur la ligne qui marque la limite externe du fossé à creuser. Les hommes plaçant chacun la main gauche sur l'épaule droite de leur voisin de gauche, occupent chacun, sur la ligne, 1 m de front.

Au commandement de « Haut les bras! », fait après indication de la nature de la tranchée, les piocheurs délimitent l'atelier en traçant une rainure le long de la pointe des pieds de leurs camarades et une rainure perpendiculaire à la gauche de la place qu'ils occupaient sur la ligne. Une autre rainure, tracée parallèlement et à 80 cm en arrière de celle qui suivait la pointe des pieds des hommes, délimite le fossé.

Lorsqu'on désire diminuer le cube de terre à terrasser par chaque homme, on donne l'ordre aux travailleurs de s'aligner comme il est prescrit par le

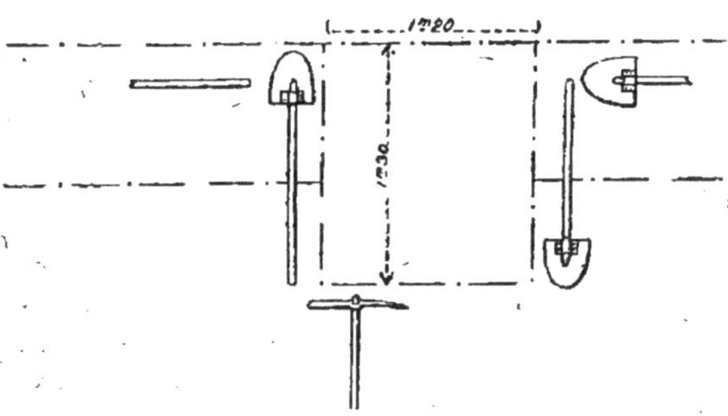

Fig. 50. — Placement des outils autour d'un parc-éclat.

Règlement de manœuvres. Chaque homme occupe ainsi sur la ligne un front de 75 cm. L'atelier de trois hommes est réduit à une longueur de 2^{m} 25, ce qui rend la tâche un peu moins grande, mais resserre un peu trop les hommes.

Enfin, les pare-éclats, redans ou autres particularités du tracé sont piquetés d'avance sur le terrain. Au moment du placement des travailleurs, les sous-officiers veillent à ce que les ateliers encadrent les travaux à faire.

A l'endroit des pare-éclats, par exemple, les outils peuvent être déposés ainsi que l'indique le schéma ci-dessus.

PLACEMENT DES TRAVAILLEURS SOUS LE FEU DE L'ENNEMI. — La constitution des ateliers, telle qu'elle vient d'être décrite, ne s'applique évidemment qu'au cas où le terrain n'est pas battu par des feux trop violents, et où le travail se fait à l'abri des vues de l'ennemi. Bien souvent, il n'en est pas ainsi. Le mode de placement des travailleurs qui vient d'être indiqué doit alors être modifié.

A moins d'impossibilité, on doit cependant s'arranger pour que les travailleurs arrivent au tracé par une extrémité, et se placent successivement sur la ligne. Ce mouvement, au lieu de se faire en colonne par trois, pourra se faire en colonne par un, et, dans ce cas, les hommes pourront se porter à leur emplacement en rampant. Ils seront, comme ci-dessus, disposés le long du tracé par les sous-officiers.

Enfin, il peut arriver que la tranchée doive être exécutée au cours d'une action. Dans ce cas, chaque homme se retranchera à la place qu'il occupe sur la ligne de tirailleurs, et la seule précaution qu'il convient de prendre, si le combat n'est pas trop violent, c'est de les fractionner en groupes de cinq ou six, qui ébauchent des éléments de tranchées entre lesquels des massifs de terre vierge serviront, plus tard, à constituer des pare-éclats.

DISCIPLINE DU TRAVAIL. — Les hommes doivent être dressés à travailler avec la plus grande vigueur, sans causer, et à être attentifs aux ordres et aux commandements qui sont donnés et faits à voix basse.

Chaque atelier travaille à sa tâche sans s'occuper des voisins. La terre excavée est placée tout d'abord de manière à constituer l'aplomb du parapet du côté du défenseur. Ce parapet est soutenu à l'aide des mottes les plus grosses et des plaques de gazon enlevées au début. La terre est ensuite tassée au fur et à mesure, par couches successives.

Lorsqu'il y a lieu de procéder à une relève, les outils de parc sont laissés sur les travaux où la nouvelle équipe de travailleurs doit les trouver régulièrement placés.

La préparation des tracés, la reconnaissance des cheminements pour s'y rendre, la marche des relèves doivent être réglées par avance avec le plus grand soin.

La discipline, l'ordre, le silence le plus rigoureux doivent être observés par tous les groupes de travailleurs, aussi bien que par les groupes chargés de leur protection.

Travail de nuit. — La nuit, les hommes se gênent beaucoup lorsqu'ils sont à 1 m les uns des autres, aussi peut-on opérer de la manière suivante. Les travailleurs étant disposés à leur place, on les fait numéroter de la droite à la gauche. Ensuite, on commande à tous les numéros pairs de se retirer à quelques pas pendant que les numéros impairs travaillent avec toute la vigueur dont ils sont capables. Lorsque la fatigue commence à se faire sentir, on fait l'échange entre les numéros pairs et impairs. Le rendement obtenu par ce procédé est satisfaisant.

TITRE II

RETRANCHEMENTS

CHAPITRE V

PRINCIPES

Les travaux de campagne, dit le Règlement allemand, ont pour but d'augmenter la puissance de notre propre feu et de nous protéger contre celui de l'adversaire. Ils permettent au chef d'économiser ses troupes pour se porter, avec de fortes réserves, au point décisif.

Le Règlement allemand ajoute tout de suite que la défensive, pour obtenir une victoire décisive, doit être combinée avec tous les procédés de l'offensive.

Le Règlement français dit que la fortification du champ de bataille doit être un moyen, et non un but.

Les conséquences logiques de ce qui précède sont nettement indiquées par le Règlement allemand :

1° Le commandement emploie les travaux de campagne à l'accomplissement de ses desseins, sans jamais les lui subordonner. Si la situation change, on ne doit pas hésiter à former de nouveaux projets, en dépit des travaux de fortification déjà presque achevés;

2° Les chefs de tous grades ont le devoir de faire usage des travaux de campagne de leur propre initiative lorsqu'ils peuvent, par ce moyen, faciliter l'accomplissement de leur mission.

Les enseignements de la guerre actuelle montrent bien que, même dans une guerre de mouvement, il faudra éviter toute paresse dans l'exécution des travaux de campagne.

L'action de se fortifier devra être aussi instinctive que celle de se couvrir et de se mettre en liaison. Elle devra être accomplie même sous le feu de l'ennemi.

Occupation d'une position.

La série des opérations à faire par un chef qui est chargé d'occuper une position est la suivante :

Dégager le champ de tir;

Repérer les distances;

Se protéger sommairement par des défenses accessoires;

Faire le tracé des ouvrages;

Masquer les ouvrages construits;

Faire exécuter les fausses tranchées et les aménagements urgents.

Dès son arrivée sur la position, si la situation le permet, avant même d'avoir fait son tracé, le chef enverra si c'est possible des corvées qui rassembleront, aux endroits désignés, tous les matériaux disponibles des environs.

Enfin les chefs de tous grades auront le souci constant de veiller sans cesse à se garder et à se tenir en liaison avec les autres unités et les autres armes, et en particulier avec l'artillerie. Ils devront se communiquer l'emplacement de leurs retranchements, se relier par le téléphone, etc., de manière à assurer les liaisons non seulement dans la direction de l'ennemi, mais encore latéralement.

Dégager le champ de tir et repérer les distances. — Ces opérations ne peuvent être faites que si la position est occupée pendant une période de calme.

Le dégagement du champ de tir se fera en enlevant tout ce qui gêne la vue et l'observation : arbres, haies, meules de paille, hautes cultures. Les arbres et les haies seront coupés, les meules de paille dispersées, les hautes cultures foulées. Les matériaux obtenus au cours de ce travail pourront être employés pour la construction des ouvrages ou de défenses accessoires ou à barricader des points de passage possible pour l'ennemi.

Le repérage des distances, s'il n'y a pas de points

remarquables, se fera à l'aide de tas de pierre ou de bouchons de paille, visibles des observatoires des tranchées.

Dans les bois, on créera, par déboisement, des laies ou sentiers d'observation permettant de surveiller les abords de la position.

Se protéger sommairement par des défenses accessoires. — A proximité immédiate de l'ennemi, le réseau de défenses accessoires sera avec avantage créé avant que les travaux de terrassement n'aient été mis en train.

Très près de l'ennemi, la pose rapide d'un réseau de fils de fer donnera aux travailleurs une certaine sécurité et leur évitera toute surprise immédiate.

Faire le tracé des ouvrages. — Le tracé des ouvrages est l'opération la plus délicate que le chef ait à effectuer. Elle sera faite avec soin, d'après des principes qui seront examinés au chapitre suivant et en se portant sur la ligne à occuper. Des piquets et des cordeaux indiqueront la crête de feu.

A proximité immédiate de l'ennemi, le jalonnement ne pourra être fait que par des sections en tirailleurs qui se fortifieront sur leur emplacement de combat.

Indépendamment du tracé considéré en lui-même, que nous examinerons plus loin, on devra tenir compte d'un certain nombre de nécessités.

Le principe général est qu'il faut choisir une ligne principale de défense et l'organiser fortement.

On évitera, avec le plus grand soin, de placer ses ouvrages de défense en des points tels que la lisière d'un bois, d'un village, le bord d'une route ou d'une voie ferrée, qui sont repérés trop aisément.

Enfin, les travaux devront être organisés de manière à ce que la reprise de l'offensive soit toujours possible, et que les éléments de la position se flanquent les uns les autres.

Le tracé sera fait de jour par des officiers secondés par des sous-officiers.

On reconnaîtra avec soin les cheminements permettant de s'y rendre, de manière à ce que les travailleurs puissent y être conduits de nuit.

Le placement des travailleurs sera effectué sous la direction des officiers et des sous-officiers ayant fait le tracé.

Enfin le tracé terminé, les gradés qui l'ont effectué doivent le reparcourir, pour s'assurer qu'il répond bien aux nécessités de la situation.

Masquer les ouvrages construits. — Le Règlement français encore en vigueur n'attachait pas une importance suffisamment grande à la dissimulation des travaux effectués. Le principe en était bien indiqué, mais les parapets de nos retranchements étant élevés, ils rendaient la chose malaisée.

Le creusement du réseau de tranchées ne doit aucunement modifier l'aspect du terrain, et les terres nouvellement remuées doivent être recouvertes immédiatement avec des mottes de gazon, des feuilles ou des branchages qui donnent à cette partie de retranchement l'aspect du sol environnant [1].

Lorsque l'on construit des tranchées complètement enterrées, on peut disperser, sur une grande étendue, la terre provenant du creusement, de manière à modifier complètement l'aspect du terrain sur une grande surface.

Le tracé devra, enfin, s'adapter aux formes du terrain de manière à ne pas modifier le paysage.

Il faut, en un mot, s'efforcer d'éviter que, même avec de bonnes jumelles, les observateurs d'artillerie ennemis ou d'aviation puissent découvrir la position.

Faire exécuter les fausses tranchées et les aménagements urgents. — Il sera utile, lorsque cela sera possible, de tromper l'ennemi par de fausses tranchées, lesquelles devront avoir exactement l'aspect de travaux de fortification véritables.

Il faudra, d'autre part, ne pas perdre de vue qu'il est indispensable d'aménager, en arrière des lignes de défense, des communications nombreuses, par chemins ou boyaux, permettant le va-et-vient constant du personnel et du matériel.

---

(1) Le Règlement russe dit qu'un retranchement n'est pas terminé tant qu'il n'est pas dissimulé.

CHAPITRE VI

TRACÉ DES OUVRAGES

Il convient tout d'abord de rappeler quelques définitions usuelles.

Ouvrages simples.

Coupure. — Retranchement en ligne droite, de peu d'étendue. Une coupure faite dans une rue avec des matériaux provenant des maisons se nomme barricade.

Redan. — Le redan est constitué par deux coupures formant entre elles un angle aigu.

Le saillant est le point A.

Les deux faces sont les deux côtés AB et AC; la capitale est la bissectrice de l'angle formé par les deux faces du redan. La gorge est le côté libre BC.

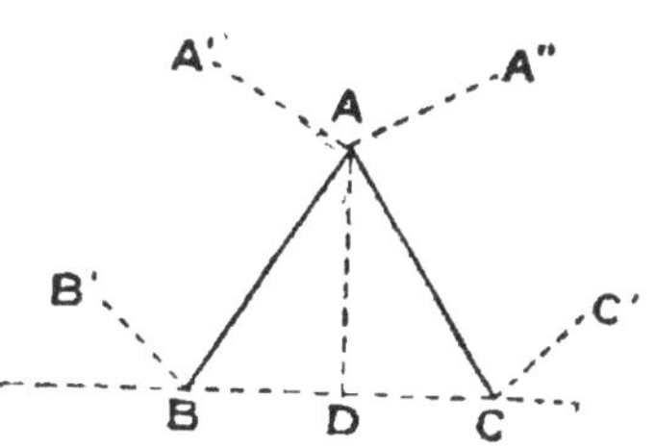

Fig. 50 *bis*. — Redan.

La longueur des faces du redan dépasse rarement 50 m; lorsqu'elle est inférieure à 30 m, l'ouvrage prend le nom de flèche.

Le redan présente un inconvénient; les tireurs qui occupent les deux faces, s'ils tirent perpendiculairement au parapet, laissent un secteur du terrain A'AA" qui n'est pas battu par leurs feux, c'est le *secteur privé de feux*. En réalité, on peut tirer suivant une direction faisant 30° avec la perpendiculaire au parapet.

Il suffira donc que l'angle que forment entre elles

les faces du redan ne soit jamais inférieur à 60° pour que le secteur privé de feux disparaisse.

Le saillant constitue néanmoins un point faible.

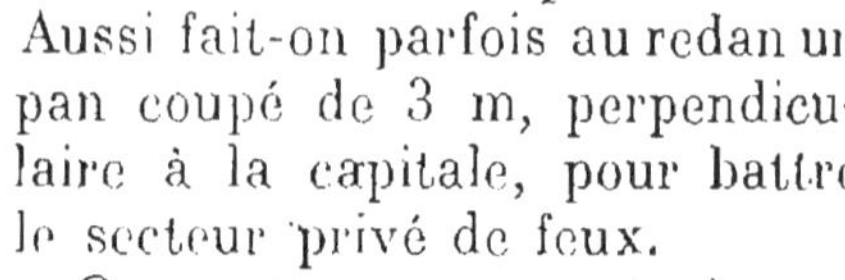
Aussi fait-on parfois au redan un pan coupé de 3 m, perpendiculaire à la capitale, pour battre le secteur privé de feux.

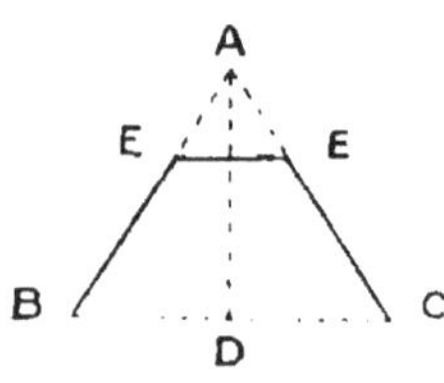

Redan à pan coupé.

On peut encore construire un redan à flancs, surtout lorsque les faces sont un peu longues.

Enfin, les saillants étant toujours les points faibles des ouvrages, il peut être utile d'organiser à l'endroit de la gorge une position de repli.

Fig. 51. — Redan à flancs.

Le redan ne peut, d'ailleurs, être employé seul; il doit être flanqué par d'autres ouvrages, qui prennent d'enfilade les assaillants qui tenteraient de s'emparer des saillants.

Lunette. — La lunette est un grand redan à faces

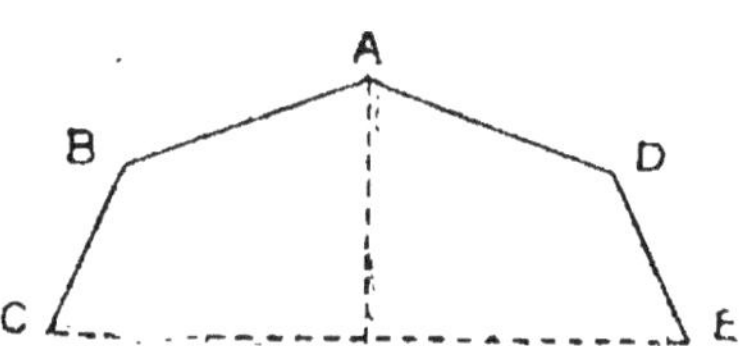

Fig. 52. — Lunette.

brisées. Les parties rentrantes BC, DE sont les flancs, les points B et D les angles d'épaule.

Redoute. — Ouvrage fermé, dont la crête est tracée suivant un contour carré ou polygonal.

Fig. 53. — Redoute carrée.

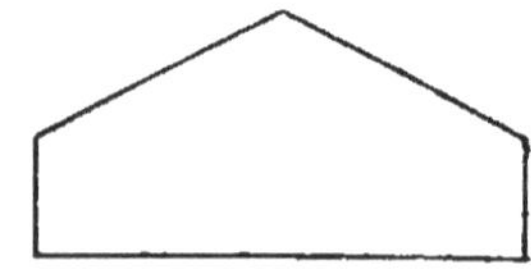
Fig. 54. — Redoute pentagonale.

Groupes d'ouvrages et lignes. — Les ouvrages que les troupes d'infanterie ont à construire ne sont que rarement des ouvrages isolés, ce sont des groupes d'ouvrages, destinés à fortifier certains points du terrain ou des lignes plus ou moins continues, obtenues en combinant et en déformant plus ou moins les tracés d'ouvrages simples que nous venons de passer en revue.

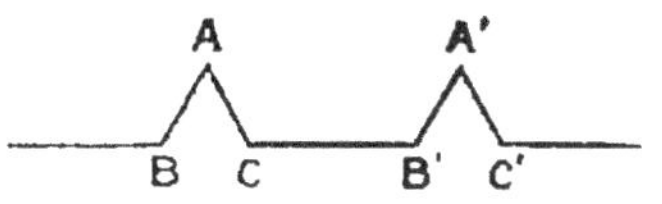

Fig. 55. — Ligne à redans.

On nomme ligne à redans une série de coupures nommées, dans ce cas, courtines, réunies à des redans. Les angles tels que C B' A', formés par une courtine avec la face d'un redan, ne doivent pas être plus petits que 120° de manière à éviter que les défenseurs d'une courtine et de la face des redans voisins ne se tirent les uns sur les autres.

Dans cette disposition les redans se flanquent réciproquement.

La ligne à crémaillère est constituée par une série

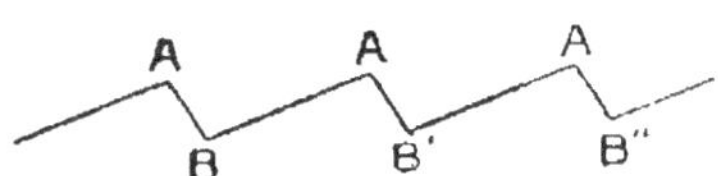

Fig. 56. — Ligne à crémaillère.

de saillants à faces inégales, et faisant entre elles un angle de 90°.

Tracés usuels. — Les tracés usuels s'inspirent de la forme du terrain, des nécessités de la position : angles morts ou zones défilées à battre, et des principes qui viennent d'être rappelés. Ils sont, en somme, des déformations des tracés simples que nous venons de passer en revue.

Le tracé est constitué par une série d'éléments de tranchées, pourvus de pare-éclats, et destinés, le plus généralement, à être occupés par une demi-section ou une section. Ce seront souvent aussi des tranchées continues sur une grande longueur.

Ces éléments de tranchées seront rarement rectilignes, mais auront une forme courbe qui assurera le flanquement réciproque des diverses parties de la tranchée. Les derniers éléments de tranchées devront également se flanquer entre eux.

Latéralement, les tranchées de première ligne pourront être réunies les unes aux autres par des boyaux de communication, lesquels n'entraveraient pas la

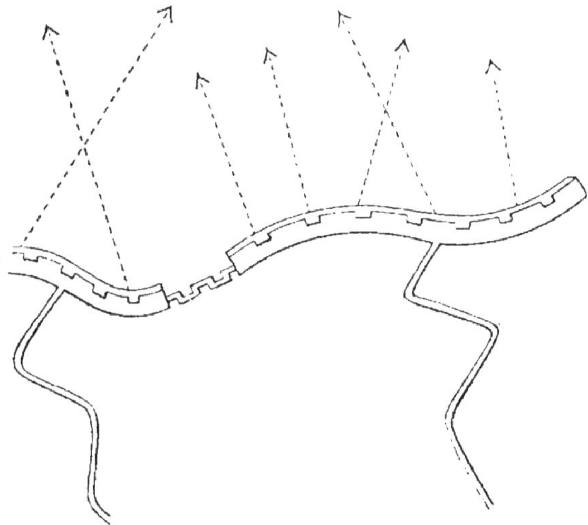

Fig. 57. — Élément de tranchée.

marche d'une colonne qui se porterait en avant entre deux éléments de tranchée, mais pourraient se prêter à un rassemblement d'unités destinées à être dirigées vers l'avant, surtout s'ils sont munis de gradins de franchissement.

Vers l'arrière, les tranchées sont reliées aux postes des sections de réserve ou aux tranchées de seconde ligne, aux postes téléphoniques ou d'observation, aux latrines, etc. par d'autres boyaux de communication.

Il peut être avantageux de construire en certains points du tracé des tranchées ou des saillants (redans) qui en assurent le flanquement.

Ces redans, constituant des points faibles, seront renforcés en arrière par un pan coupé.

Enfin, le flanquement est complété à l'aide de mitrailleuses installées dans des abris bien dissimulés et que l'on peut placer même en avant de la crête de feu des tranchées en les protégeant, du côté de l'ennemi, par des défenses accessoires.

Ces mitrailleuses, démasquées au moment d'une

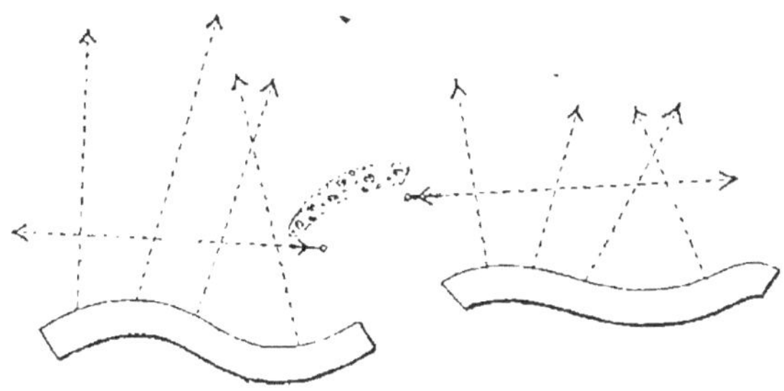

Fig. 58. — Mitrailleuse en flanquement en avant de la ligne.

attaque en masse, produiront, sans aucun doute, de puissants effets par leurs feux d'enfilade.

Leur emplacement pourra, dans d'autres cas, être choisi en arrière des tranchées et assurer de même un flanquement suffisant.

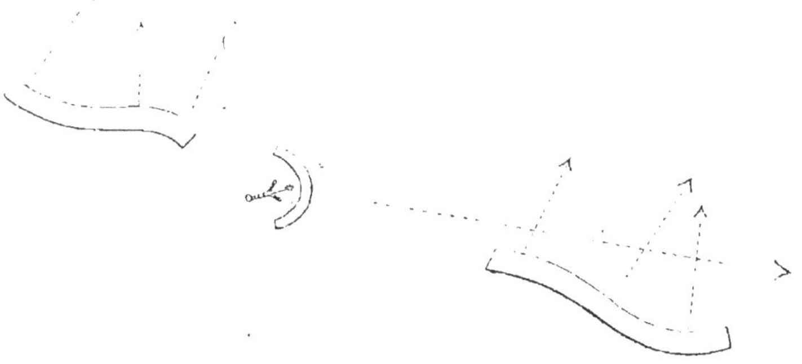

Fig 59. — Mitrailleuse en flanquement en arrière de la ligne.

Enfin, l'emplacement de l'abri des sections de renfort sera judicieusement choisi.

Suivant la forme du terrain, on pourra faire un abri blindé ou, comme le pratiquent parfois les Allemands, une tranchée couverte formant une deuxième ligne qui, lorsque le terrain le permet, pourra fonctionner comme un second étage de feu.

Les sections de renfort doivent se trouver à 40 ou 50 m au plus en arrière des tranchées de première ligne.

En arrière, les compagnies de réserve doivent être retranchées et abritées. Elles ne se placent généralement pas à plus de 400 m, de manière à se trouver à portée pour faire des contre-attaques.

D'autres observations s'appliquent aux abris des sections de renfort, ceux-ci devront, en principe, être reliés chacun, par un boyau distinct, à l'élément de tranchée qu'ils ont pour objet d'alimenter.

En outre, il sera avantageux de les placer vis-à-vis des intervalles qui séparent deux éléments de tran-

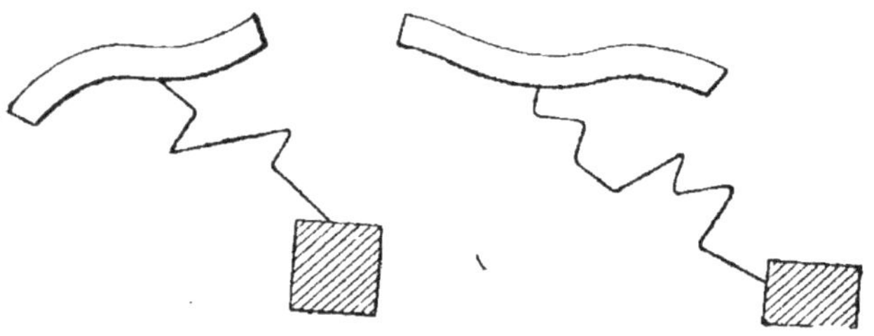

Fig. 60. — Disposition des abris de bombardement.

chée. En effet, il a été constaté que le bombardement par les minenwerfer se produisait suivant des profondeurs variables, mais que toutes les trajectoires passaient sensiblement dans un même plan. D'autre part, le bombardement étant méthodique et commençant par les longues portées, pour se terminer par les plus petites, il est intéressant d'éviter que la projection sur le terrain du plan des trajectoires passe à la fois par les abris des renforts et par les tranchées de première ligne [1].

(1) On conseille parfois. pour chaque section, d'avoir une tranchée de première ligne, gardée généralement par une escouade. En arrière et à proximité, un petit abri pour une escouade de piquet et, un peu plus loin, un abri pour les deux autres escouades au repos.

Cloisonnement. — Qu'il s'agisse de tranchées ou d'abris, chambres de repos, etc., il est un principe qu'il convient d'appliquer en toutes circonstances, c'est le cloisonnement des ouvrages à l'aide de pare-éclats.

Les pare-éclats sont des blocs de terre vierge que l'on ménage entre les diverses parties d'un ouvrage, et qui sont assez épais pour résister aux gros éclats des obus explosifs.

Ils ne sont véritablement utiles que s'ils coupent complètement l'ouvrage, quel qu'il soit, dont les diverses parties communiquent alors par de petits boyaux.

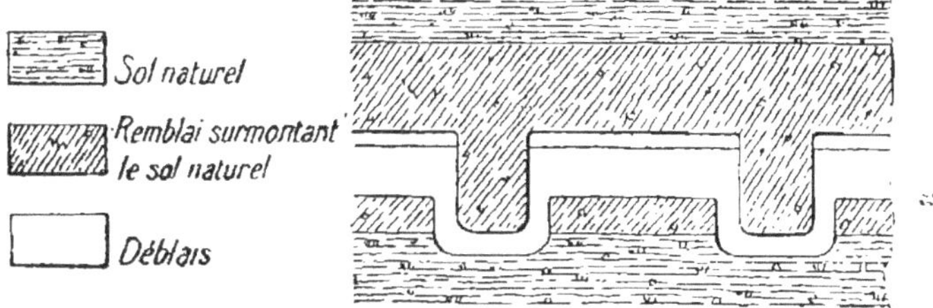

Fig. 61. — Disposition des pare-éclats.

La figure ci-dessus montre l'application de cette disposition dans une tranchée de première ligne.

Les détails d'exécution de ces ouvrages, de même que ceux de la construction des tranchées et de leurs aménagements, seront donnés au cours des deux chapitres suivants.

CHAPITRE VII

PROFIL DES TRANCHÉES

Le profil des tranchées doit répondre à un certain nombre de conditions qui sont : la protection contre les effets des projectiles d'infanterie et d'artillerie, l'invisibilité, la possibilité d'utiliser le retranchement aux diverses phases de sa construction et la salubrité lorsque les tranchées doivent être occupées pendant un temps assez long.

TRANCHÉE DE COMBAT. — La tranchée de combat est celle qui servira de poste aux tirailleurs quelle que soit la ligne de défense considérée. Lorsque le travail sera amorcé par une ligne de tirailleurs, on peut recommander à chaque homme de se creuser un abri ayant sensiblement le profil ci-dessus. Ce profil a l'avantage

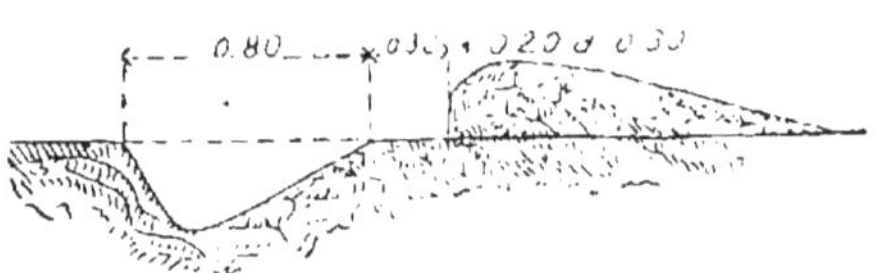

Fig. 62. — Abri de tireur couché.

de pouvoir être continué ensuite pour faire une tranchée pour tireur à genou.

Un travail prolongé pendant quelque temps permettra, en effet, de transformer une semblable ligne de trous de tirailleurs en tranchées pour tireur à genou, dont les caractéristiques sont figurées ci-contre.

Ces tranchées s'exécutent aisément avec les outils portatifs. Pour les tranchées plus profondes, il est très utile d'avoir des outils de parc, ou de réquisition.

Lorsque le travail doit être poussé plus loin, il faut

s'attacher à éviter que les travailleurs n'élargissent la tranchée. Une tranchée ne doit pas dépasser 80 cm

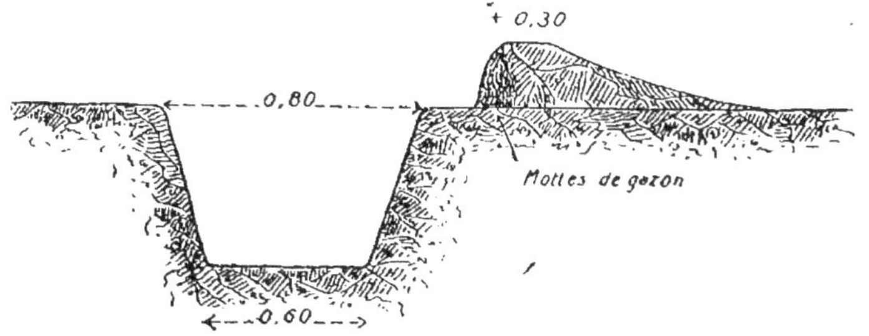

Fig. 63. — Tranchée pour tireur à genou.

de largeur à sa partie supérieure, alors que la partie inférieure ne doit pas avoir plus de 60 cm de lar-

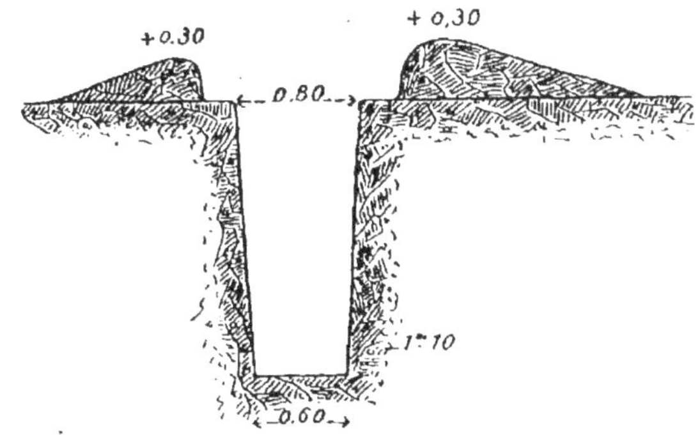

Fig. 64. — Tranchée pour tireur debout.

geur. La tranchée pour tireurs debout s'obtient en creusant la tranchée à genou.

On doit également munir les tranchées pour tireurs

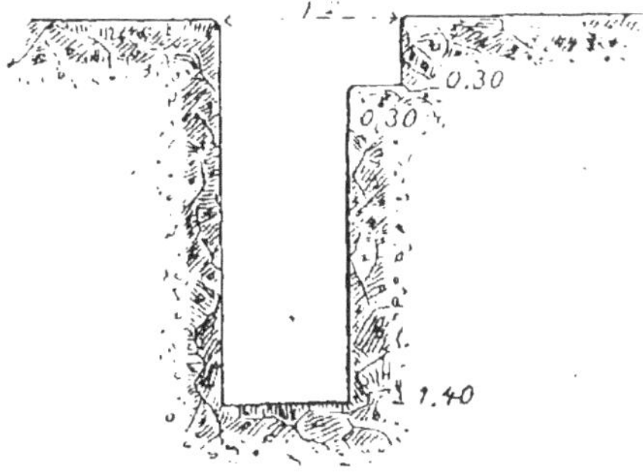

Fig. 65. — Tranchée enterrée pour tireur debout.

debout d'un parados, qui a pour but d'abriter les occupants de la tranchée des éclats des obus explosifs, grenades, etc., éclatant en arrière de la tranchée.

La construction du parapet de la tranchée doit retenir toute l'attention du chef. Le parapet est disposé en glacis, par couches successives, et doit se raccorder insensiblement avec le sol. On ne doit pas oublier qu'une épaisseur de terre de 1 m au moins est nécessaire pour arrêter la balle allemande.

Lorsqu'on veut enterrer complètement le retranchement on peut adopter le profil ci-dessus (fig. 65) ; dans ce cas, la terre provenant de la fouille doit être dispersée tout alentour, de manière à modifier uniformément l'aspect du terrain environnant, ou bien, au contraire, évacuée par les boyaux de communication.

Profils de tranchées diverses. — Les tranchées que nous venons de passer en revue sont les plus simples et les plus usuelles. Dans certains cas, il peut être recommandable d'avoir recours à d'autres dispositifs.

Tranchée profonde. — Une tranchée profonde, munie d'une banquette de tir, permet la circulation, complètement à l'abri, derrière la ligne des tireurs.

On lui donnera une largeur de 1m20 et une profondeur de 2 m. Le sol de la banquette de tir devra être à 1m40 au-dessous du parapet ou du seuil des créneaux.

Tranchée anglaise. — Sous le nom de tranchée

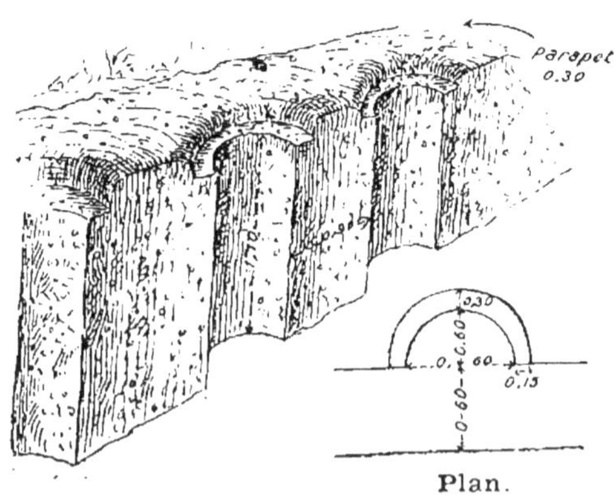

Fig. 66. — Tranchée anglaise.

anglaise, on construit un retranchement constitué par un fossé de 1^m 10 de profondeur et de 60 cm de

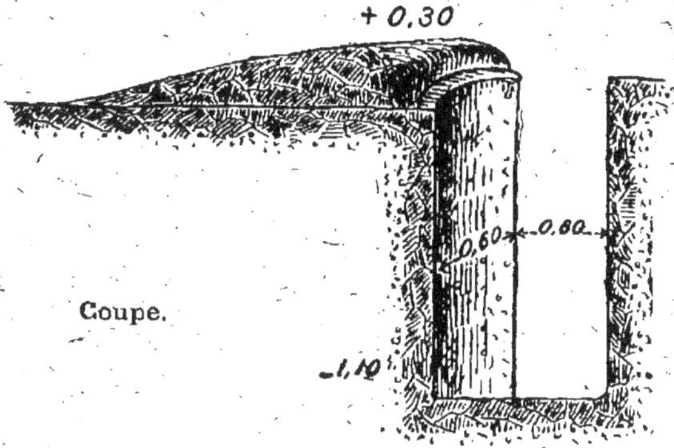

Fig. 67. — Tranchée anglaise.

large, dont le parapet avant est creusé d'alvéoles dans chacune desquelles un tireur peut se placer. Le croquis ci-dessus indique la disposition de ces alvéoles.

Cette tranchée présente le désavantage de diminuer la densité de la ligne de feu. Elle offre par contre l'avantage de séparer les tireurs les uns des autres par des blocs de terre vierge qui les protègent contre les feux d'enfilade, les éclats des obus explosifs et les effets du souffle.

Tranchée allemande a deux étages de feu. — Les tranchées qui viennent d'être décrites ont toutes

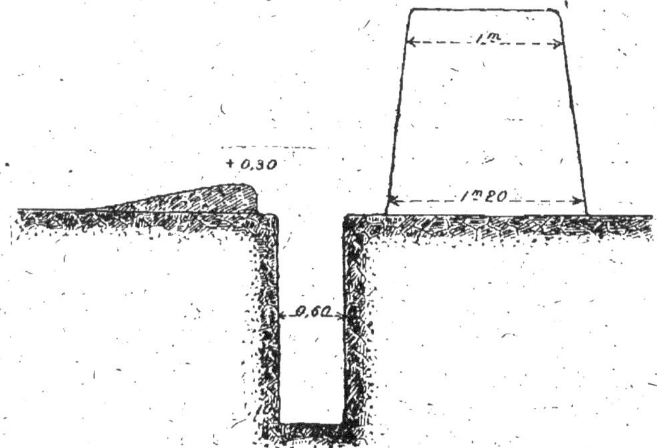

Fig. 68. — Tranchée à deux étages de feu.

l'inconvénient de pouvoir être utilisées dans les deux sens.

Des lettres privées ont signalé une disposition adaptée en certains endroits par les Allemands, qui a réussi à rendre très difficile le retournement de la tranchée.

Pour cela on construit un parados extrêmement haut, de sorte que son escalade soit malaisée.

Cette tranchée permet également de constituer deux étages de feu.

Par contre, il semble bien difficile d'obtenir avec un profil semblable une dissimulation suffisante des travaux de défense, aussi ne pourra-t-on l'employer que dans des cas particuliers.

CARACTÉRISTIQUES DES TRANCHÉES DE COMBAT. — De tout ce qui précède, il convient de tirer un certain nombre de conclusions :

1° Les tranchées seront constituées par un fossé aussi étroit que possible, l'étroitesse du fossé favorisant la protection contre les projectiles d'artillerie et d'infanterie, le souffle des obus et le jet des grenades;

2° Les parados seront élevés dans le double but de rendre plus difficile le retournement de la tranchée, et aussi de masquer la silhouette de la tête des tireurs, qui ne doit jamais se détacher sur l'horizon;

3° Il faut se garder du schéma, et adapter son profil, comme son tracé, aux circonstances militaires et aux circonstances atmosphériques locales;

4° A l'instruction, il faudra donc s'attacher à dresser les gradés et hommes de troupe à comprendre et à exécuter rapidement un profil donné.

TRANCHÉES MUNIES DE CRÉNEAUX ET TRANCHÉES COUVERTES. — Lorsqu'on en a le temps, il faut munir de créneaux les tranchées de combat. Ces créneaux sont placés à hauteur du sol naturel, et noyés dans la terre du parapet, qui les dissimule. Dans ce cas, la profondeur doit être portée de 1m 10 à 1m 40, de manière à ce que les tireurs aient l'épaule à hauteur du créneau.

Les tranchées à créneaux sont toujours à recommander. Parfois, on recouvre, en outre, la tranchée par un pare-éclat, qui peut être compris de diverses façons.

On obtient alors une tranchée couverte.

La tranchée couverte présente un double inconvénient. En premier lieu, elle ne se prête pas à un mouvement offensif, parce qu'on ne peut en sortir que par les côtés, les encoches de franchissement ne pouvant pas être utilisées pour sortir en avant, à cause du toit.

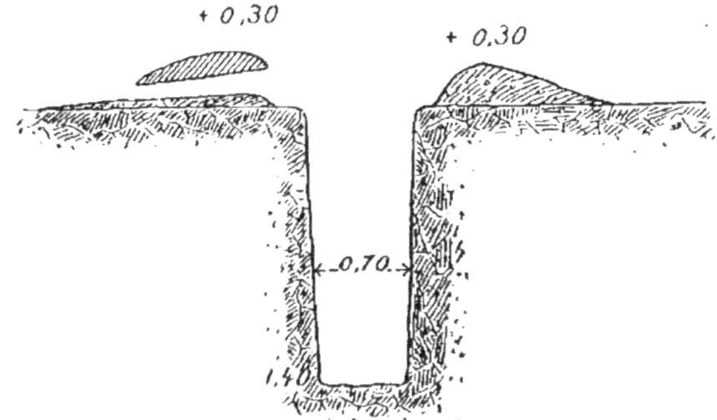

Fig. 69. — Tranchée à créneaux.

En second lieu, les hommes qui les occupent sont plus tentés d'être inattentifs que dans les tranchées découvertes, ce qui constitue un inconvénient appréciable.

Quoi qu'il en soit, nous passerons en revue deux types d'aménagement.

Tranchée incomplètement couverte. — Le toit est constitué par des tôles ondulées ou par des claies,

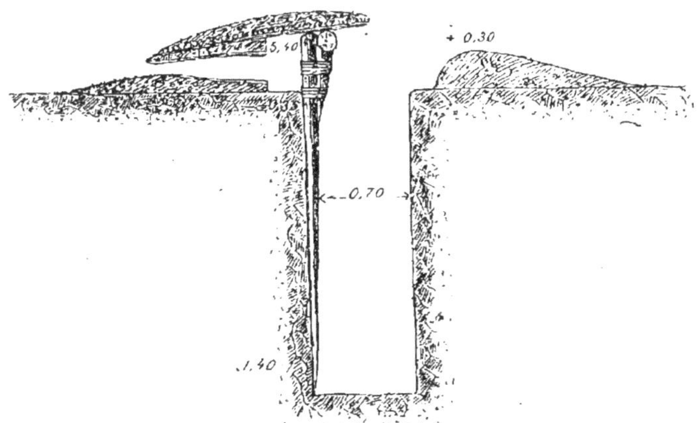

Fig. 70. — Tranchée incomplètement couverte.

recouvertes d'une légère couche de terre, suffisante pour arrêter les balles de shrapnells.

Il est soutenu par des traverses brélées sur des taquets fixés à des poteaux verticaux plantés le long de la paroi antérieure de la tranchée.

Tranchée complètement couverte. — On peut, si l'on dispose de rondins, réaliser une tranchée complètement couverte, ainsi que l'indiquent les figures 71

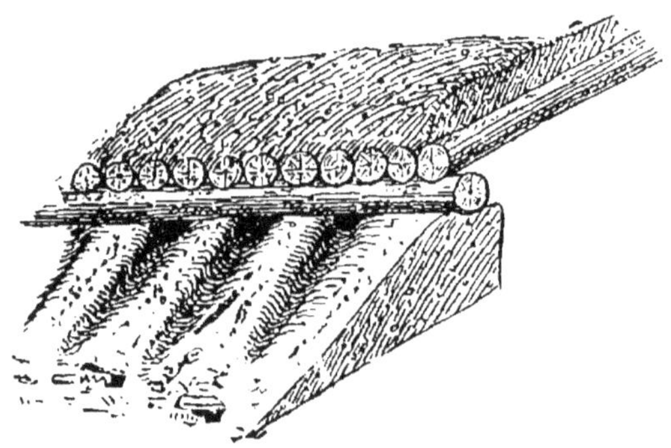

Fig. 71. — Tranchée couverte avec créneaux en terre.

et 72, où les créneaux sont faits soit en terre, avec des mottes de gazon, soit en rondins.

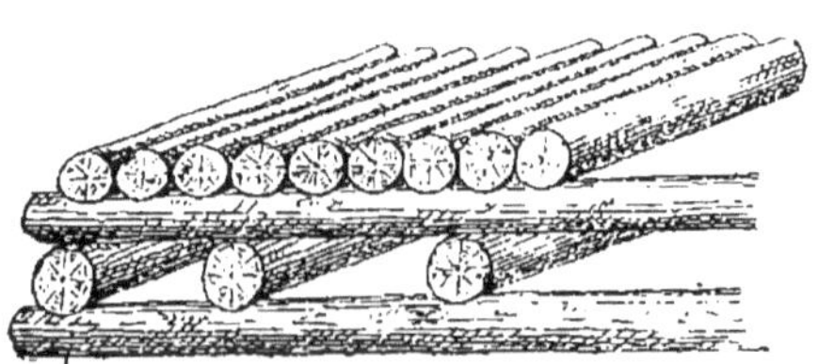

Fig. 72. — Tranchée couverte avec créneaux en rondins

Retranchements en hauteur. — Ces retranchements sont construits chaque fois que l'on ne peut creuser, soit parce que l'on se trouve sur le roc, soit parce que l'on est en terrain marécageux, de sorte que les tranchées se remplissent entièrement d'eau. Dans ces deux cas, on fera un parapet en glacis au-dessus de la surface du sol, soutenu par des gabions, rondins, etc. Si l'on veut se protéger des obus, il faudra construire un parados.

Le tout devra être bien dissimulé par un revêtement approprié.

Enfin la fortification de campagne comporte encore un grand nombre d'autres abris et détails d'aménagement, lesquels seront étudiés au cours du chapitre suivant.

CHAPITRE VIII

AMÉNAGEMENT DES TRANCHÉES

Créneaux.

Pour masquer la tête des tireurs, il y a avantage à creuser davantage la tranchée (1^{m} 40) et à ménager des créneaux dans le parapet. Les créneaux sont généralement espacés de 1 m.

Créneaux en terre. — Ceux-ci pourront être simplement des rigoles ménagées dans la terre.

Elles présenteront une ouverture large du côté du tireur, étroite du côté de l'ennemi. Leur ouverture devra permettre de tirer à 30° environ à droite et à gauche de la perpendiculaire au parapet.

Les créneaux seront masqués par des herbes ou des branchages et le parados devra être assez élevé pour que l'ennemi ne puisse se rendre compte si le créneau est occupé ou non.

Créneaux en gabions. — On remplacera avantageusement la simple rigole en terre par un petit gabion conique noyé dans le parapet, le petit bout tourné vers l'ennemi. Les créneaux en gabions sont bien moins visibles que les créneaux nus.

Créneaux en bois. — Un boisage sommaire, effectué avec des planches ou des piquets, permettra également de recouvrir le créneau de terre. On devra comme toujours laisser un champ de tir latéral suffisant, et s'arranger, pour combattre la tendance des hommes à tirer trop haut, pour que le plafond du créneau empêche le tireur de tirer plus haut que la poitrine d'un homme placé à 30 m en avant de la tranchée.

Créneaux en sacs a terre. — Les sacs à terre, employés dans les travaux de fortification, sont des sacs en toile assez serrée, munis d'une ficelle permettant d'en fermer l'ouverture. Vides, ils ont 65 cm de longueur sur 33 cm de largeur; pleins, leurs dimensions se réduisent à 50 cm sur 22 cm.

Lorsqu'ils sont empilés et, par suite, aplatis, ils n'occupent que 15 cm de hauteur sur 21 cm de largeur. Il ne faut pas les remplir trop pour qu'ils puis-

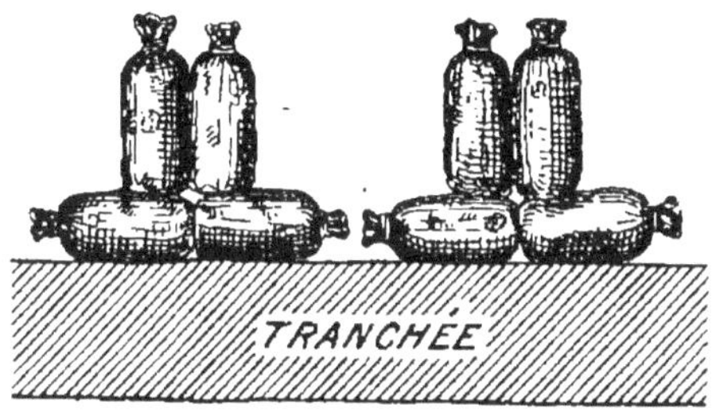

Fig. 73. — Créneaux en sacs à terre, assise supérieure.

sent s'aplatir. Ils contiennent 0m³ 0017 de terre et pèsent 25 kg.

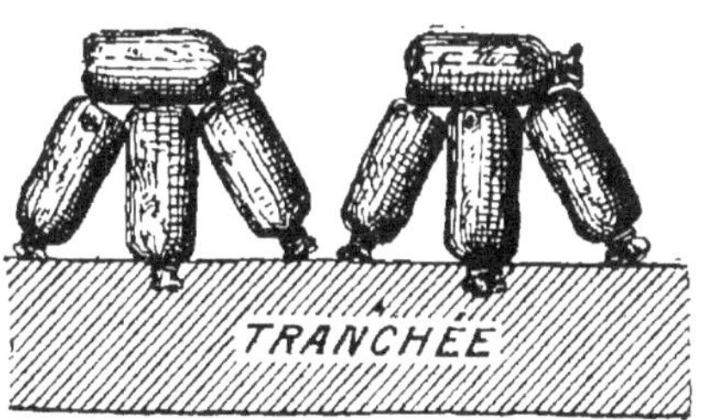

Fig. 74. — Créneaux en sacs à terre, assise inférieure.

Les créneaux réglementaires sont construits avec deux assises de sacs à terre disposées l'une au-dessus de l'autre, ainsi que l'indiquent les figures.

Il est plus simple de constituer chaque créneau par quatre sacs à terre. Deux sont placés sur la crête de feu, leurs axes convergeant vers l'ennemi, mais laissant entre eux une ouverture de 10 cm. Deux autres sont placés en travers sur les premiers.

Revêtements.

Règles générales. — Les revêtements ont pour but de rendre plus solide la paroi d'un ouvrage de terre. Ils permettent, en outre, de réparer les dégâts produits par la gelée, les intempéries ou les projectiles. Ils s'exécutent à l'aide de matériaux très divers, mais en principe sont toujours soutenus par des piquets maintenus par un piquet de retraite.

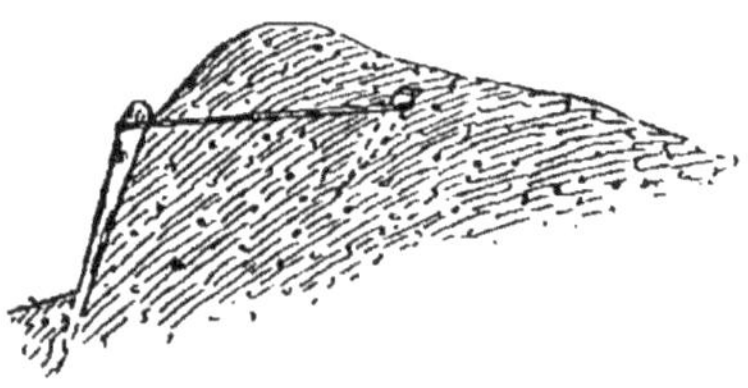

Fig. 75. — Piquet d'un revêtement maintenu par un piquet de retraite.

On nomme piquet de retraite un piquet qui, placé dans la masse des terres du parapet, est fixé au piquet qui maintient le revêtement à l'aide d'un fil de fer bien tendu, au besoin par un petit billot intermédiaire.

Le piquet de retraite est placé soit au moment de la construction du parapet, soit plus tard.

Dans ce cas, on le place dans une rigole creusée dans la masse des terres du parapet.

L'emploi des revêtements se recommande surtout chaque fois qu'il s'agit d'aménager une tranchée bouleversée. Il doit être précédé du déblaiement méthodique des terres inutiles, et exécuté avec le plus grand soin.

En outre, il est bon d'encastrer la base du revêtement dans une rigole faite au pied du parapet.

Les principaux revêtements, sont dans l'ordre de mérite : gabions et fascines, claies, treillis métalliques, branchages, gazons. Il convient d'y ajouter les revêtements en pisé, briques crues, etc.

Revêtement en gabions et fascines. — Ce revêtement est, par excellence, propre à effectuer des réparations.

Il est effectué avec des gabions posés sur le sol, les piquets pointus en haut et placés violemment en terre de manière à produire un gauchissement qui résiste à la poussée des terres.

Fig. 76. — Schéma d'un gabion gauchi avec piquet de soutien.

Au besoin, on renforce le gabion par un fort piquet, placé à l'intérieur.

Le gabion est ensuite rempli de terre.

Si les gabions ne donnent pas ainsi un profil suffisamment élevé, on peut les surmonter de fascines, que l'on enfonce, à coups de maillet, dans les piquets pointus des gabions.

Si cela ne suffit pas, on peut construire un revêtement en disposant plusieurs gabions. Dans ce cas, on doit placer les gabions formant la deuxième rangée à cheval sur ceux de la première, en ayant soin d'effectuer toujours le gauchissement.

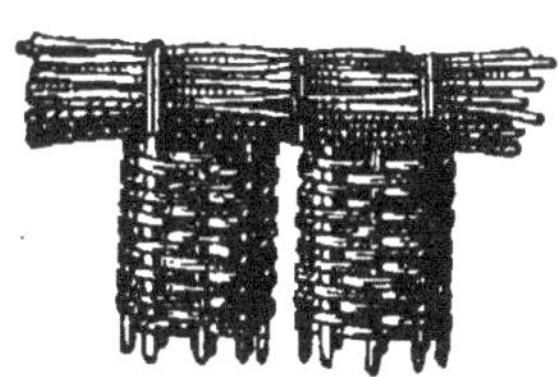

Fig. 77. — Revêtement en gabions et fascines.

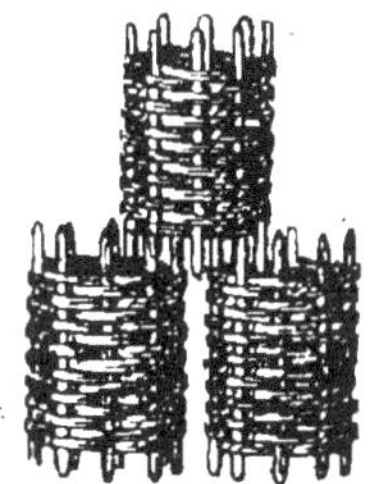

Fig. 78. — Revêtement constitué par deux étages de gabions.

On peut encore faire un revêtement uniquement en fascines.

Le premier lit est fixé, comme il a été dit, dans une rigole creusée au pied du parapet.

Chaque fascine est fixée au sol par trois piquets qui la traversent, chacun d'eux étant maintenu, si possible, par un piquet de retraite. Les fascines de second rang sont placées à cheval sur celles du premier.

Si cela est possible, on met ce deuxième rang un peu en retraite. Les gradins de franchissement et les petits parapets bas seront maintenus commodément à l'aide de fascines.

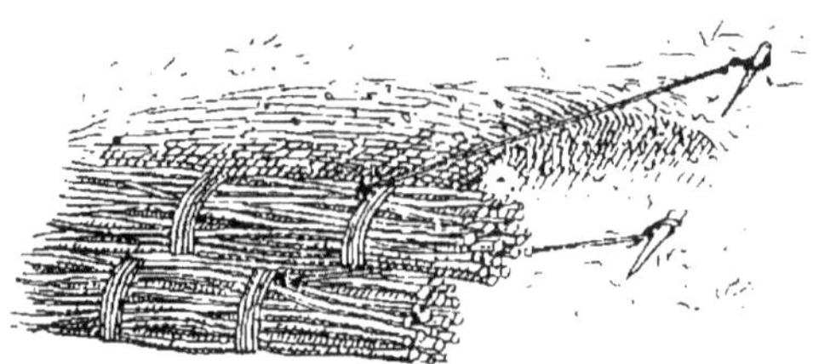

Fig. 79. — Pose des fascines.

Revêtements en claies. — Les claies sont très avantageusement employées dans les revêtements. On les enfonce dans le sol au moyen de leurs piquets pointus, et on les maintient en place au moyen d'une traverse qui relie le sommet de leurs piquets et qui est fixée au parapet au moyen de piquets de retraite.

On peut encore effectuer un clayonnage sur place, ce qui permet d'obtenir une claie faite à la dimension du parapet à soutenir, laquelle est fixée ensuite au moyen de piquets de retraite.

Revêtements en treillis métalliques. — Les grillages ou treillis en fil de fer, employés en temps ordinaire pour faire des clôtures, des cages, peuvent constituer d'excellents revêtements qui se mettent en place de la manière suivante :

On déroule le rouleau de grillage le long du parapet, contre lequel on l'applique, au fur et à mesure, à l'aide de piquets placés tous les 50 cm. Ces piquets ont, bien entendu, la même hauteur que la tranchée et ils sont maintenus en place par des piquets de retraite.

Souvent, le fil de fer sera un peu plus haut que la tranchée. Dans ce cas on recourbera la partie qui dépasse la hauteur de l'appui-coude, de manière à la noyer sous le parapet.

Lorsqu'on a déroulé complètement un rouleau, et que l'on veut le joindre au rouleau suivant, on recouvre les bords de l'un, avec ceux de l'autre, sur une longueur de 10 cm. On place toujours un piquet pardessus.

Lorsque le terrain est très meuble, on peut interposer, entre le grillage et le parapet, des genêts, bruyères, joncs, etc. qui empêchent la terre de passer au travers les mailles.

Revêtements en branchages. — Ces revêtements ont l'avantage très appréciable d'être construits très rapidement; par contre, leur solidité est moins grande que celle des revêtements précédents.

Pour le construire on pose, le long du parapet, des pieux distants les uns des autres de 33 cm, puis, entre eux et la paroi, on tasse des branchages ainsi que l'indique la figure.

Les pieux sont ensuite maintenus à l'aide de piquets de retraite.

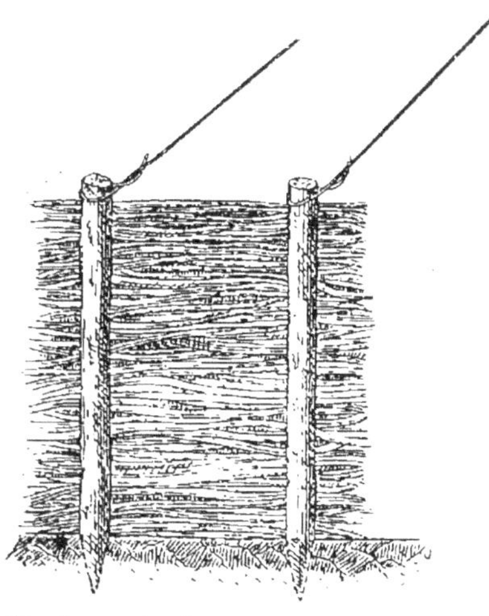

Fig. 80. — Revêtement en branchages.

Il est bon de donner une légère inclinaison aux piquets qui résistent mieux, de cette manière, à la poussée des terres (1).

Revêtements en gazons. — Le revêtement en gazon est construit à l'aide de plaques de gazon, par les mêmes procédés qu'un mur.

---

(1) Il est utile de se souvenir qu'il faut, pendant la construction de ce revêtement, égaliser les branchages, afin qu'ils ne tombent pas tous dans la partie basse de la tranchée. On les applique bien contre la paroi avant de serrer.

On lève tout d'abord des mottes de gazon qui ont, les unes, 30 cm sur 30 cm et se nomment panneresses, les autres, 30 cm sur 40 cm et se nomment boutisses. L'épaisseur en varie de 12 cm à 15 cm et se réduit, pour toutes, à 10 cm, lorsqu'elles sont employées. Pour exécuter un revêtement, il faut environ 55 gazons par mètre carré de revêtement.

Les gazons sont levés par des brigades de trois hommes.

L'herbe est fauchée au ras du sol, et le terrain gazonné est ensuite découpé en rectangles de dimensions égales à celles des boutisses et des panneresses, au moyen d'un louchet bien tranchant (ou à défaut d'une bêche) enfoncé verticalement dans le sol, le long d'une règle ou d'un madrier. On lève les gazons en passant ensuite le louchet en dessous.

Parfois on est obligé, lorsque le terrain est résistant, de les détacher à la pioche.

Pour exécuter ce revêtement, on creuse, au pied du parapet à soutenir, une rigole de 6 cm de profondeur et 40 cm de largeur destinée à recevoir la première assise de gazons, qui constitue comme la fondation du mur de gazon. Si cela est nécessaire, on compose cette rigole de gradins successifs de manière que les diverses couches de gazon puissent être établies de niveau.

Le travail est exécuté ensuite par des ateliers de trois hommes, l'un présente les gazons, un second les pose, en ayant soin, tout d'abord, d'en dresser les côtés avec un louchet bien tranchant, afin qu'ils joignent exactement. Enfin, le troisième travailleur garnit le derrière des gazons de terre meuble, qu'il dame avec soin.

Les gazons sont placés l'herbe en dessous, afin de pouvoir être aisément recoupés et damés.

On pose alternativement une boutisse et une panneresse, ou une boutisse et deux panneresses, et toujours plein sur joint. Lorsqu'une assise est disposée suivant toute la longueur du profil à soutenir, on l'arase de niveau en recoupant légèrement au louchet de manière que l'épaisseur de l'assise soit de 10 à 12 cm. On règle le profil à donner avec un cordeau tendu.

Autres revêtements. — Les autres revêtements présentent, dans nos pays, un intérêt secondaire, aussi convient-il de les passer rapidement en revue.

Le *revêtement en briques crues* est exécuté d'après les mêmes principes que le revêtement en gazons, les briques présentant alternativement leur grand et leur petit côté et tenant lieu ainsi de boutisses et panneresses.

Les briques sont constituées par de la terre, de préférence argileuse, damée à l'aide d'un battoir dans un moule en bois. On démoule dès que le battage est terminé et on laisse sécher au soleil.

On peut mélanger la terre avec de l'herbe, de la paille ou du foin haché. Les dimensions de ces briques sont : 40 cm de longueur, 20 cm de largeur et 10 cm d'épaisseur. Il y a avantage, si l'on a le temps, à cuire légèrement ces briques en en faisant, au-dessus d'un foyer, un échafaudage recouvert de terre, avec un trou qui facilite le tirage et laisse passer la fumée.

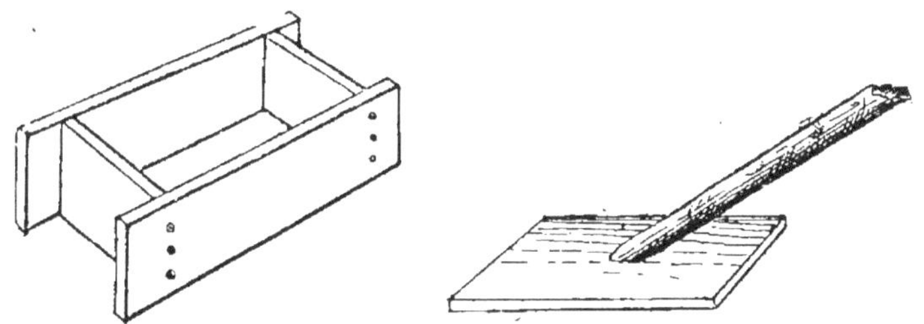

Fig. 81. — Moule pour briques crues. Fig. 82. — Battoir pour damer.

Les *revêtements en sacs à terre,* très utilisés, sont construits d'après les mêmes principes.

Les *revêtements en pisé* sont constitués par de la terre humectée que l'on dame par couches de 10 à 20 cm d'épaisseur, entre la terre à soutenir et des madriers formant moule.

Le damage s'effectue à l'aide d'une bêche en bois et en frappant avec la tranche. Un mur en pisé doit avoir 50 cm d'épaisseur.

Le pisé n'est pas à recommander dans la fortification, mais il se prête bien, par contre, à la construction de postes, gourbis, etc.

Le *torchis* se prépare en répandant de la paille

hachée sur de la terre un peu arrosée, en mêlant le tout au moyen de la pelle, et en foulant le mélange aux pieds. On dame ensuite comme le revêtement en pisé.

Marches. Gradins de franchissement. — Les marches pour descendre dans les abris et tranchées s'établissent d'après la formule de Blondel : G + 2 H = 64 (*G* giron, *H* hauteur de la marche).

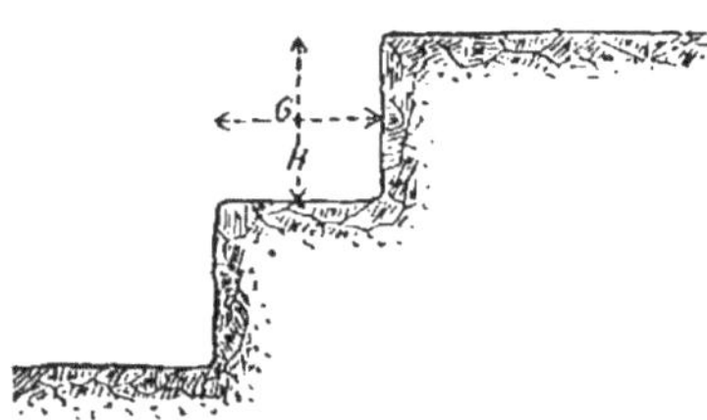

Fig. 83. — Marches pour descendre dans les tranchées.

On les soutient avec de petites claies ou des revêtements en branchages.

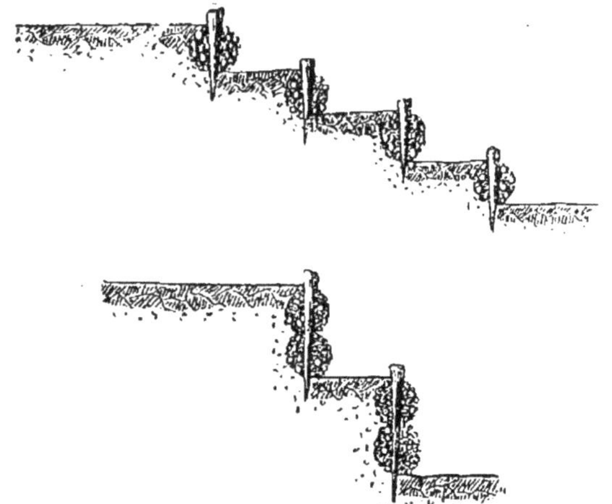

Fig. 84. — Gradins de franchissement.

Les gradins de franchissement se construisent d'après la même formule. On les soutient avec des fascines, des claies ou des branchages.

Écoulement des eaux. — Les retranchements sont, bien trop souvent, envahis par les eaux, aussi le problème de leur asséchement doit-il être envisagé avec soin. C'est d'ailleurs l'une des questions les plus difficiles à résoudre dans l'aménagement des tranchées.

Il faudra pour chaque élément de tranchée donner une pente qui conduise les eaux vers une extrémité, ce qui pourra être facilité par le creusement d'une rigole. Le fond des tranchées est alors garni avec des claies ou des fagots.

A l'extrémité de la tranchée dont le niveau est le plus bas, on creuse un puisard constitué par un trou suffisamment profond, de 80 cm de diamètre, et dans lequel on enfonce un gabion qui soutient la paroi. On peut au besoin, au-dessous du gabion, placer quelques pierres, de manière à constituer un puits perdu.

Lorsqu'une couche imperméable s'oppose à l'écoulement des eaux, on peut, si son épaisseur n'est pas trop considérable, chercher à la rompre en y faisant exploser un pétard de mélinite (1).

Périscopes. — On peut aisément fabriquer, pour éviter de se découvrir en observant le terrain en

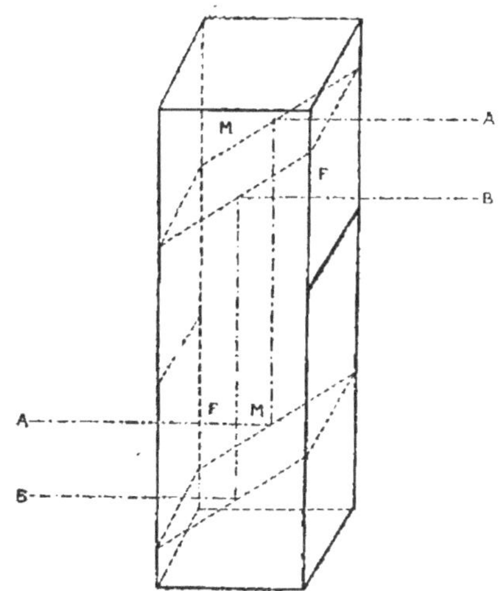

Fig. 85. — Périscope. M, M' miroirs
F, F' fentes correspondantes.
— · — · — marche des rayons lumineux.

(1) Quel que soit le sol, il faut toujours faire des rigoles dans le fond des tranchées, ou drainer celles-ci avec des fascines.

avant, des périscopes. On peut en imaginer bien des modèles. Ils sont toujours constitués par deux miroirs à 45° reliés par une boîte prismatique en bois, ou par un tuyau en tôle (tuyau de poêle) s'ils sont circulaires.

Des échancrures permettent l'observation.

Niches a munitions. — Les niches à munitions sont pratiquées dans le parapet avant de la tranchée. Pour que ces niches ne s'éboulent pas on les soutient avec de petites gaulettes, les unes placées dans le sens de la longueur de la niche, les autres en arceaux soutenant les premières.

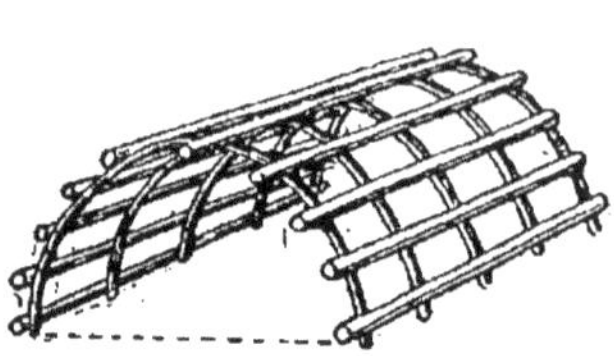

Fig. 86. — Carcasse d'une logette à munitions.

Abris sous parapet. — On construit parfois sous le parapet avant de la tranchée un abri dans lequel tout ou partie des défenseurs peuvent s'abriter pendant que les autres veillent.

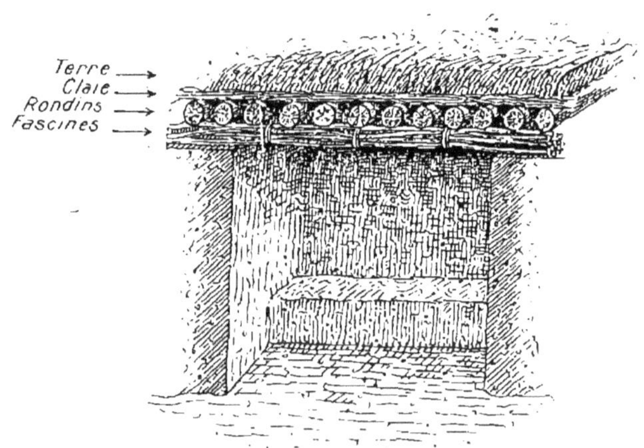

Vue perspective.

Fig. 87. — Abri sous parapet.

Ces abris présentent certains inconvénients. Tout d'abord ils diminuent, sans aucun doute, la résistance du parapet. En second lieu ils présentent l'inconvénient, dans le cas où les défenseurs de la tranchée sont démoralisés, de les inciter à se terrer dans cet abri, au lieu de faire face au danger.

Dans certains cas on devra donc éviter de construire ces abris. On peut très simplement, à l'aide de fascines, rondins et claies, construire l'abri figuré ci-dessous.

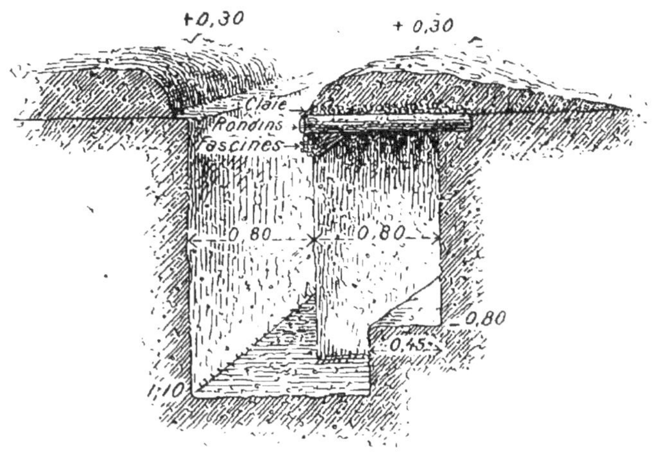

Coupe.

Fig. 88. — Abri sous parapet de la figure 87.

Le Règlement allemand admet que, pour que le toit d'un abri construit sous la masse couvrante soit à

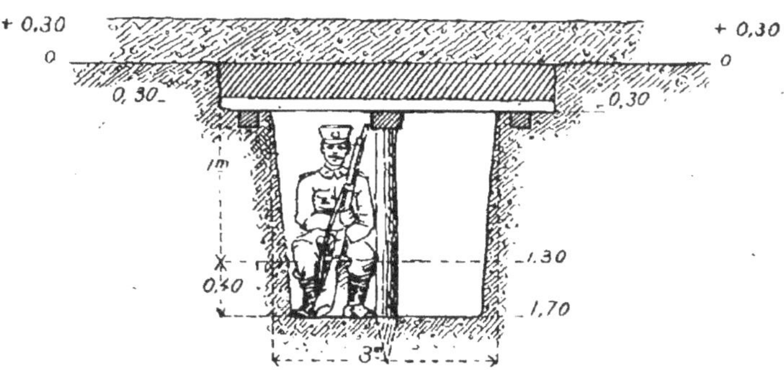

Fig. 89. — Abri du Règlement allemand (profondeur 80 cm, largeur de la banquette 40 cm).

l'épreuve des obus explosifs de l'artillerie de campagne, il faut qu'il ait une épaisseur minimum de 45 cm au moins au-dessous de la crête intérieure. On ne peut, avec les procédés de campagne, se garantir des obus des pièces à tir courbe, il faut s'arranger pour que l'abri ne soit pas occupé par plus de cinq ou six hommes.

La hauteur nécessaire à ménager entre le plafond et la banquette pour qu'un homme de grande taille puisse s'y asseoir est de 1 m.

Pour constituer le plafond de l'abri, on emploiera des planches, rondins, madriers, etc.

Suivant la nature du terrain et celle des matériaux dont on disposera on pourra, cela va sans dire, varier les procédés de construction de ces abris.

Latrines. — Les latrines sont disposées en arrière des tranchées, auxquelles elles sont reliées par un

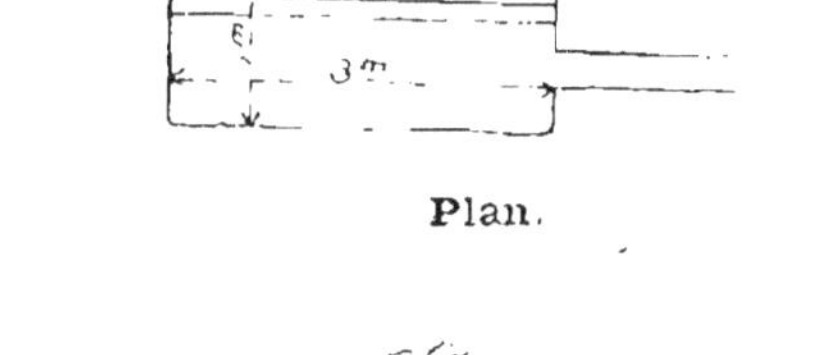

Plan.

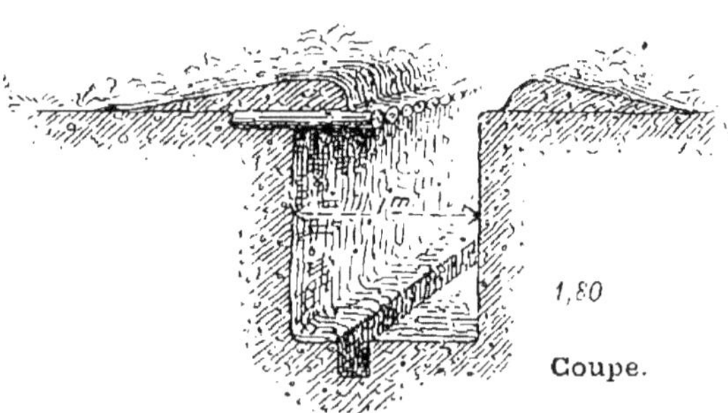

Coupe.

Fig. 90. — Latrines.

boyau de communication. Elles sont constituées par une tranchée large de 1 m dans laquelle se trouve un fossé que l'on utilise comme une feuillée [1].

---

(1) Pour un séjour prolongé, on constitue des feuillées avec siège. Ce dernier se compose de chevalets de bois réunis par trois traverses placées dans le sens de la longueur de la feuillée, et dont l'une sert d'appui pour les cuisses, l'autre pour le dos et la troisième pour les pieds.

Boyaux de communication. — Leur tracé a été indiqué au cours des chapitres précédents.

Leur profil est donné ci-après. Ces boyaux sont tracés en zigzag pour éviter les tirs d'enfilade ou peuvent encore présenter le tracé d'une grecque. Ils devront en tout cas être adaptés au terrain (1).

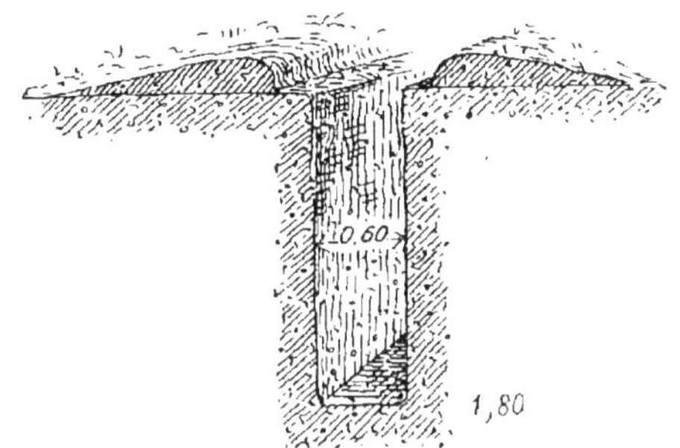

Fig. 91.

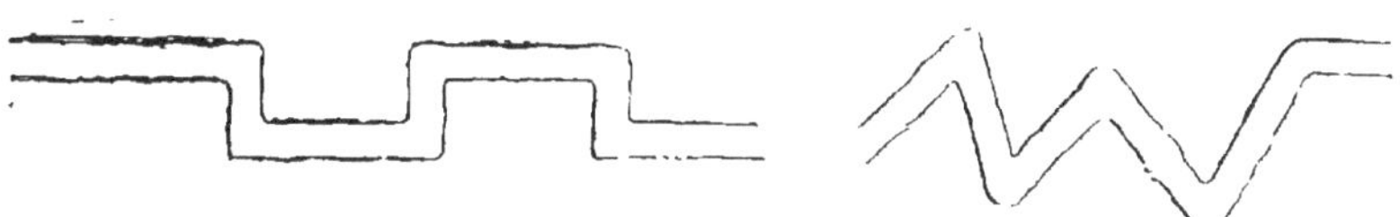

Fig. 92. — Tracé de boyaux.

Postes de commandement. — Le plus simple, généralement désigné sous le nom de trou de sous-officier, est une excavation circulaire dont le profil est donné par le croquis, le parapet ayant une hauteur

(1) Dans les boyaux en zigzag, lorsqu'une branche est un peu longue, on doit lui donner un tracé sinueux, de manière à ce qu'aucune fraction du boyau ne puisse être prise d'enfilade et de manière également à limiter les effets des obus tombant dans les boyaux. Il faut prévoir également des boyaux plus larges, permettant d'évacuer des blessés placés sur des brancards. Pour obtenir le tracé sinueux d'un élément de boyau, on place les travailleurs à 2 m les uns des autres et comme si l'élément devait être rectiligne. On fait numéroter de la droite à la gauche, puis on fait avancer de deux pas tous les numéros pairs (ou impairs). Les hommes se rejoignent l'un l'autre en creusant dans le sol deux rainures distantes de la largeur voulue, et le tracé désiré est ainsi obtenu.

telle que son sommet soit à hauteur de la ligne des yeux de l'occupant.

Fig. 93. — Trou de sous-officier.

Ce trou est relié par un court boyau à la tranchée, de manière à permettre au chef de se porter en un instant au milieu de ses hommes.

Un autre abri, pour chef ou observateur assis peut être construit ainsi que l'indique le croquis ci-après.

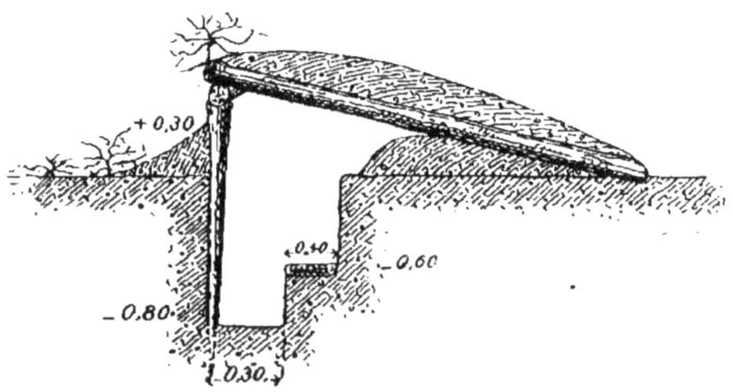

Fig. 94. — Poste d'observation.

Enfin on peut imaginer d'autres abris, plus profonds, recouverts d'un toit plus ou moins épais soutenu par une charpente improvisée, protégés par un parapet. Tout dépendra des circonstances, de la forme et de l'aspect du terrain, et des matériaux disponibles.

Chambres de repos. — Les chambres de repos pourront être établies à une profondeur de 2m 80 environ pour un petit nombre d'hommes. Une chambre pour 10 hommes paraît être le type normal à adopter. Les diverses chambres seront séparées les unes des autres par des massifs de terre vierge.

Les dimensions d'une semblable chambre seront de 7 m de long et de 2m 50 de large.

Le toit devra être enterré et avoir environ 1 m d'épaisseur.

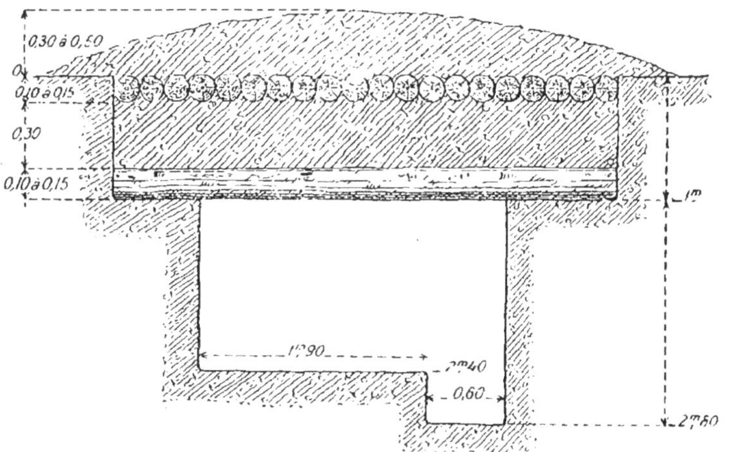

Fig. 95. — Chambre de repos.

Si on le peut, on charpentera fortement l'intérieur et le plafond de la chambre, avant de la recouvrir de son toit.

Ce dernier peut être constitué par deux lits de rondins ayant un diamètre de 15 cm à 20 cm, séparés les uns des autres par 30 cm à 50 cm de terre.

On peut, lorsqu'on disposera de rails de chemin de fer, remplacer les rondins par des rails que l'on place les uns à côté des autres, dans une position un peu inclinée en faisant alterner les patins et les champignons (1).

(1) Dans l'organisation des retranchements, telle qu'elle est pratiquée à l'heure actuelle, on est souvent obligé de construire des abris présentant encore une protection plus efficace. Ce

Abris pour mitrailleuses. — Le fonctionnement d'une mitrailleuse demande une plate-forme de 1 m de large avec une longueur de 2 m ou de 1m 50, selon que

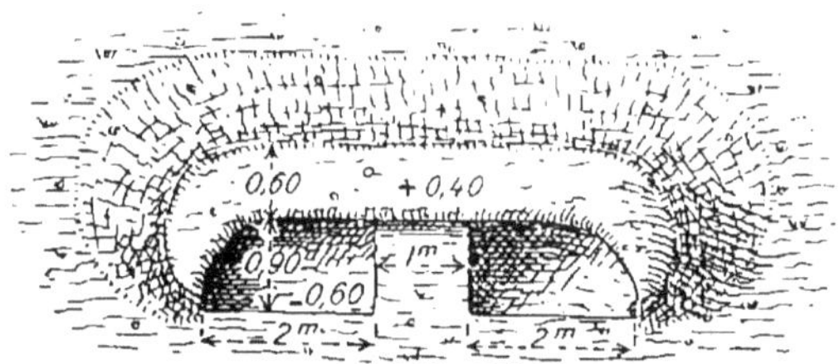

Fig. 96.

Épaulement pour mitrailleuse tirant dans la position couchée.

l'on tire dans la position normale ou dans la position couchée. Les hauteurs correspondantes du piston-moteur sont de 82 cm et 45 cm.

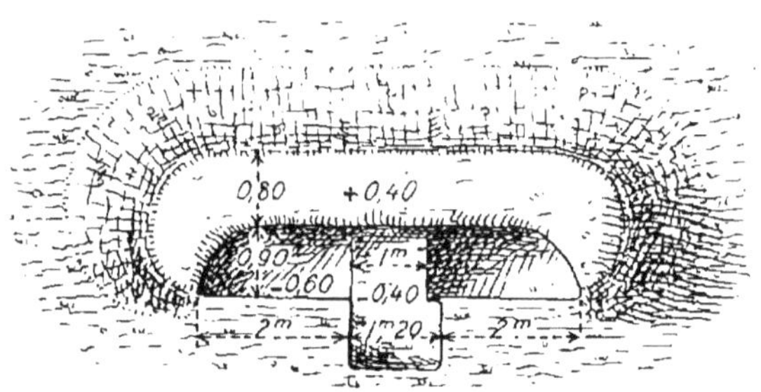

Fig. 97.

Epaulement pour une mitrailleuse tirant dans la position normale.

Les deux pieds antérieurs du trépied sont placés contre le talus intérieur du parapet, sans les encastrer

---

résultat est obtenu en augmentant considérablement la couche de terre supérieure, et en la terminant par un lit superficiel de pierres, ces dernières ayant pour but de provoquer l'éclatement prématuré des obus percutants.

On peut encore faire des abris en sacs de ciment. Ceux-ci sont ensuite saupoudrés avec du ciment pulvérulent, puis arrosés, ce qui les fait prendre en masse, leur donnant la consistance du béton. Une dalle en béton recouverte de terre est également un bon ciel d'abri.

dans ce dernier. La hauteur de la plate-forme et celle du parapet sont réglées suivant les circonstances.

Le Règlement donne deux types d'épaulements, l'un pour tirer dans la position couchée, l'autre pour tirer dans la position normale.

Lorsqu'on veut entourer complètement la mitrailleuse d'un parapet, on peut puiser de la terre dans un trou d'emprunt fait à l'arrière. On peut également compléter l'abri en le recouvrant de pare-éclats, rondins, etc., et en faisant tirer la mitrailleuse dans une embrasure.

Lorsqu'on veut que la mitrailleuse soit complètement enterrée, on peut lui construire un abri dont le ciel est constitué comme celui d'un abri de bombardement (chambre de repos). La mitrailleuse sera disposée sur une plate-forme de 1 m $\times$ 2 m et les dimensions intérieures de l'abri seront de 3 m $\times$ 3 m. Le seuil de l'embrasure sera à 80 cm de la surface de la plate-forme. La hauteur de l'embrasure est de 30 cm.

Avec un semblable abri, on peut utiliser les mitrailleuses de tous modèles.

Pare-éclats. — Les pare-éclats doivent avoir au moins $1^{m}50$ d'épaisseur, on a soin de leur donner une forme pyramidale, de manière à ce que les éboulements soient moins à craindre.

Lorsqu'on ne veut pas interrompre la ligne de feu, on fait le pare-éclat en avant, en ménageant, en arrière, un boyau de communication, de sorte que le pare-éclat se compose en réalité d'un gros cube de terre vierge de 2 à 3 m de côté.

CHAPITRE IX

LES SAPES

Les sapes sont des chemins plus ou moins enterrés, que l'on creuse sous le feu de l'ennemi, et qui permettent de s'approcher à couvert des défenses de l'adversaire. Elles nécessitent l'emploi de différents accessoires et outils.

ACCESSOIRES POUR LA CONSTRUCTION DES SAPES. — Les accessoires les plus usuels pour la construction des sapes sont tout d'abord les *dragues* de sape. Il en existe en fer, ayant la forme d'une bêche dont le fer serait recourbé à angle droit. Ces dragues servent à tirer en arrière les terres tombées entre les jambes du sapeur.

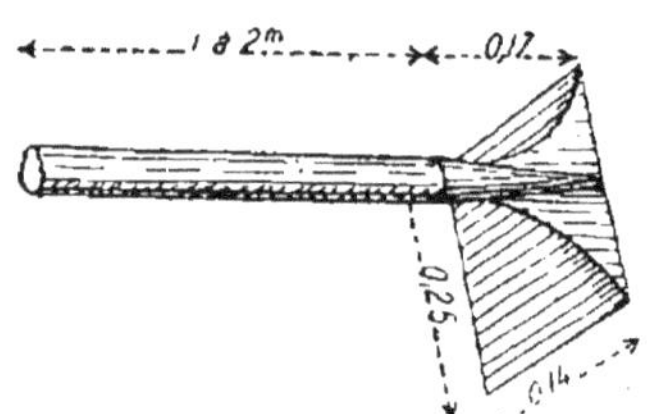

Fig. 98. — Drague en fer.

La drague en bois sert à pousser en avant les terres qui constituent le masque; son manche a 3 m de long.

Pour l'évacuation des terres, lorsqu'on ne voudra pas

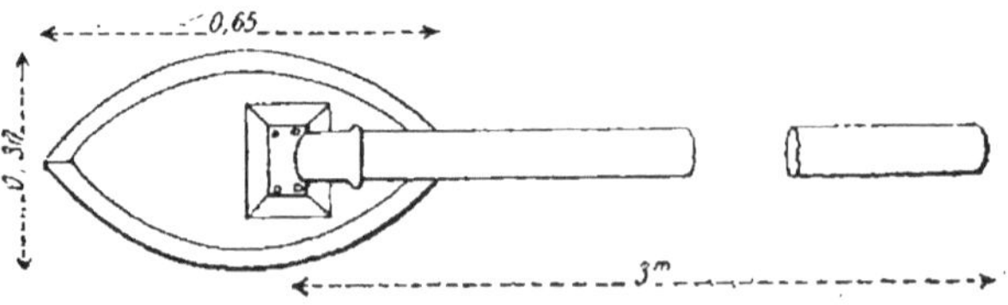

Fig. 99. — Drague en bois.

ou lorsqu'on ne pourra pas constituer de parapet, il pourra être avantageux d'employer des chariots de mine, des traîneaux de mine ou des paniers de mine, construits conformément à l'un des croquis ci-après.

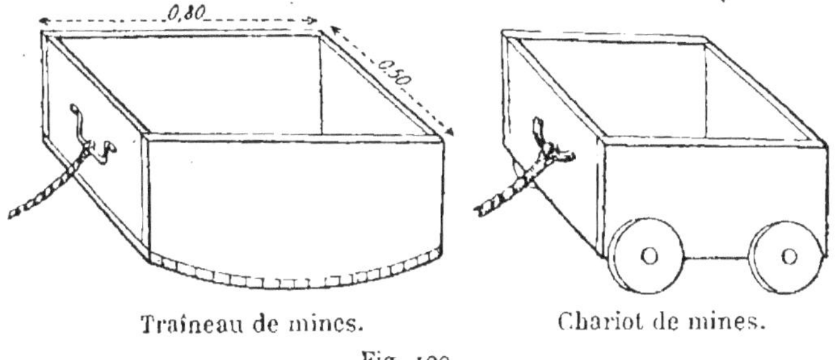

Traîneau de mines. Chariot de mines.

Fig. 100.

Ces engins seront utilisés obligatoirement dans la construction d'une sape russe.

Sape simple. — Les troupes du génie construisent diverses sortes de sapes qui sont :

1° *La sape simple à deux formes.* — Cette sape est constituée par un fossé de 60 cm de large, et dont la

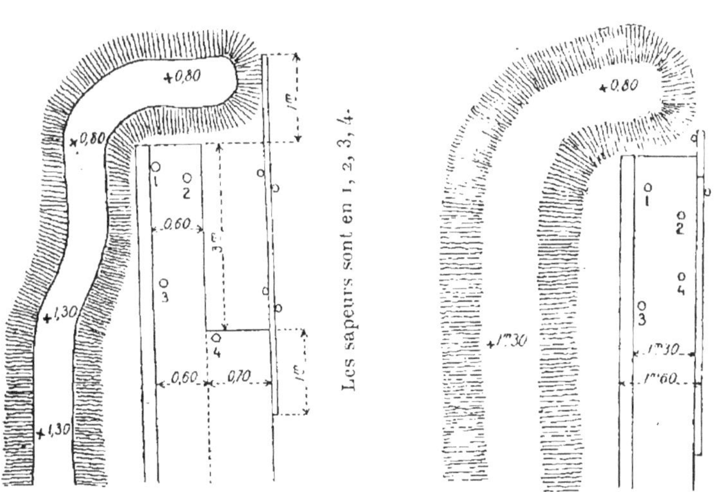

Sape simple à deux formes. Sape simple à une forme.

Fig. 101.

profondeur est égale à 1 m 30. Ce fossé est la tête de sape, qui est creusée par quatre hommes. Il est ensuite élargi à $1^m 30$ par une autre équipe, travaillant 3 m en arrière de manière à acquérir une largeur de $1^m 30$. Les terres sont rejetées du côté de l'ennemi, de manière à constituer un parapet de $1^m 30$ de haut. Enfin, un masque de terre de 80 cm de haut est maintenu en avant de la tête de sape et repoussé en avant, à l'aide de la drague en bois, au fur et à mesure de l'avancement du travail.

2° *La sape simple à une seule forme.* — Cette sape s'exécute comme la simple à deux formes, mais on donne de suite à la tranchée la largeur de $1^m 30$.

Sape double. — Elle est formée par la juxtaposition de deux sapes simples à une seule forme. Les croquis ci-dessous indiquent la disposition des terres et des

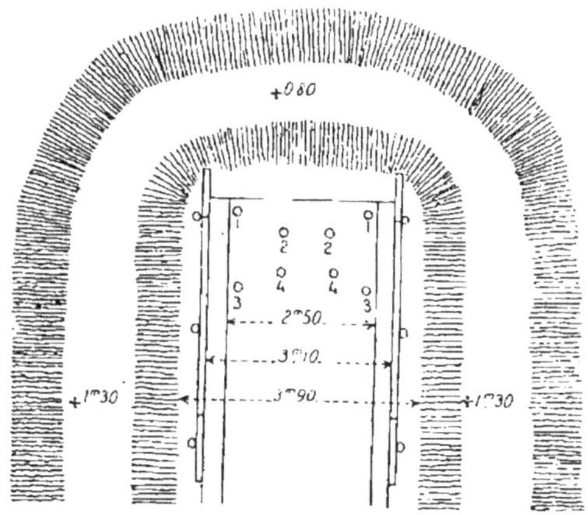

Fig. 102. — Sape double.

travailleurs au cours de l'exécution de ces divers travaux.

La direction est assurée à l'aide d'une règle de 5 m, se déplaçant dans le sens de la sape, entre deux rangées de piquets, et dépassant toujours de 1 m la tête de sape.

Enfin, le génie construit encore des sapes profondes creusées à $1^m 90$ de profondeur, et pourvues également d'un parapet du côté de l'ennemi. Cette tranchée présente une largeur de 80 cm.

L'exécution de ces divers retranchements présente un certain nombre de particularités techniques, notamment en ce qui concerne l'exécution de la sape, l'avancement du masque et l'élargissement de la sape.

La construction de la sape simple à deux formes est faite par quatre sapeurs, commandés par un sous-officier. Ces quatre sapeurs constituent la tête de sape.

Le sapeur n° 1 est armé d'une pioche et d'une drague à manches courts et des gabarits nécessaires pour prendre mesure des profils qu'il exécute. Il est muni d'un couvre-nuque, de genouillères, et se tient en avant de la forme de tête.

Derrière lui se trouve le sapeur n° 2, armé d'une pelle ordinaire et de genouillères. Les sapeurs 3 et 4 sont en tête de la seconde forme, le premier est muni d'une pelle, d'une pioche et des gabarits nécessaires pour mesurer les divers profils de la partie élargie. Le second est muni d'une pelle. Le chef de sape se tient là où sa présence est nécessaire.

Une autre brigade de quatre hommes, qui se relève avec la première tous les mètres, se tient au repos dans la tranchée, en arrière des travailleurs.

Les outils et les armes sont disposés sur le revers de la tranchée les outils respectivement à hauteur des travailleurs, les fusils en arrière, tous réunis perpendiculairement à la tranchée. Enfin, la tête de sape doit encore avoir à sa disposition une drague de sape en bois à long manche, une drague ordinaire à long manche, une règle de 5 m avec une coche de 1 m à chaque extrémité, un paquet de petits piquets, une pioche et deux pelles de réserve.

Entrant dans la tranchée, les sapeurs n°s 1 et 2 fixent à l'aide de piquets leur règle de 5 m de manière à ce que la règle dépasse de 1 m le travail déjà fait. Cette règle marque l'alignement à suivre et limite la tâche de la brigade.

Le premier sapeur travaille à genoux ou accroupi, attaque par le pied le terrain en avant de lui en pratiquant des rainures de 30 à 40 cm de profondeur sur 60 à 70 cm de haut dans le prolongement des côtés de la forme et en déblayant à la pioche la terre comprise entre ces rainures.

Il fait passer cette terre entre les jambes au sapeur n° 2 à l'aide de la drague à manche court en nettoyant bien la forme pour qu'elle conserve sa profondeur. Se tenant ensuite debout, il attaque la partie supérieure de la fouille en pratiquant également des rainures à droite et à gauche jusqu'à la surface du sol, puis en faisant tomber à coups de pioche le massif de terre ainsi miné et délimité.

On avance ainsi de 30 à 40 cm à la fois environ et on vérifie les mesures à l'aide des gabarits qui ont été emportés.

Le sapeur n° 2 fait le pelletage des terres, les sapeurs 3 et 4 élargissent la forme. Le masque est poussé en avant, à bras, à l'aide de la grande drague. La sape double s'exécute par des ateliers de deux hommes travaillant d'après les mêmes principes. Les terres sont rejetées pour constituer un parapet, ou bien évacuées en arrière par des relais de pelleteurs ou des chariots de mine. Ces procédés permettent de creuser des boyaux sous le feu de l'ennemi.

SAPE RUSSE. — La sape russe permet de s'approcher de l'ennemi sans être vu de lui. C'est un cheminement souterrain constitué par une galerie de forme ogivale. Cette galerie se soutient fort bien sans boisage. Sa voûte est à 30 cm du sol, sa hauteur 1 m 80, sa largeur à la base 80 cm. Elle est creusée par un homme muni d'une pioche à manche court, en arrière duquel un second sapeur, muni d'une drague à manche court, racle la terre. Un troisième sapeur, muni d'une pelle ordinaire, jette les terres dans un traîneau ou dans un chariot de mine. On peut, en pratiquant cette sape, s'avancer jusqu'à une très petite distance de l'ennemi.

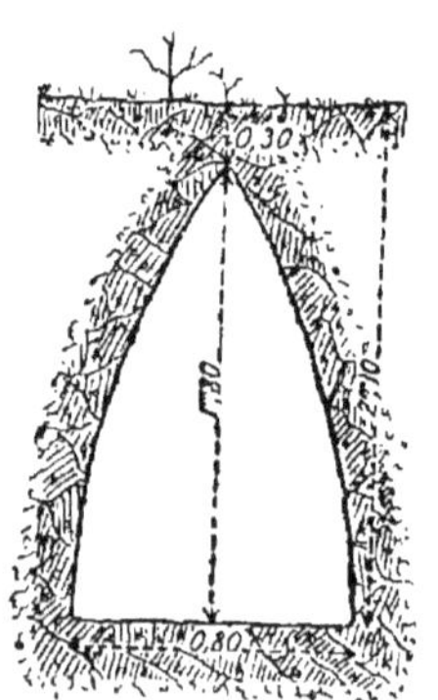

Fig. 103. — Sape russe.

TITRE III

DÉFENSES ACCESSOIRES

CHAPITRE X

RÉSEAUX DE FILS DE FER

Parmi les défenses accessoires, les réseaux de fils de fer constituent l'une des plus efficaces, en raison des difficultés que présentent leur franchissement ou leur destruction par l'artillerie.

EMPLACEMENT ET DISPOSITION DES RÉSEAUX DE FILS DE FER. — L'organisation des réseaux de fils de fer se fera dans les conditions les plus diverses, aussi est-il bien difficile de fixer des règles générales pour l'emploi de cette défense accessoire. Par contre, il est un certain nombre de conditions auxquelles il importe qu'ils satisfassent, et dont il faut se rapprocher le plus possible.

EMPLACEMENT. — Le réseau ne doit pas être trop éloigné de la tranchée.

En effet, s'il est trop éloigné, on peut craindre que le tir de bombardement réglé sur la crête de l'ouvrage laisse l'emplacement du réseau trop éloigné de la zone de chute des projectiles. Dans ce cas, l'ennemi aura toutes les facilités pour entreprendre la destruction du réseau sans avoir à craindre le feu du défenseur.

En le rapprochant des ouvrages, on le rapproche aussi de la zone de dispersion des coups et le tir de l'assaillant (bombardement) peut interdire à celui-ci toute tentative de destruction du réseau, dans la crainte d'exposer ses propres travailleurs aux coups de son artillerie.

Le réseau ne doit pas être trop rapproché de manière à ce que le bombardement de l'ouvrage n'expose pas la défense accessoire à la destruction.

Pourtant, il convient de remarquer que la précision actuelle du tir de l'artillerie diminue beaucoup la zone de dispersion des projectiles. Si l'on considère que les effets des projectiles d'artillerie sont peu sensibles sur les réseaux de fils de fer, on en conclura qu'il faudra que l'artillerie adverse tire spécialement sur le réseau, pour arriver à le bouleverser, et que, par conséquent, il y a moins d'inconvénients à rapprocher le réseau qu'à l'écarter.

Il faudra, également, ne pas perdre de vue la nécessité de la surveillance du réseau en particulier pendant la nuit, ce qui amènera encore à rapprocher cet obstacle de la ligne de défense.

Disposition. — Autant que possible, le réseau doit être disposé dans une cavité du sol, ouverte du côté des défenseurs, de manière à ce que les balles tirées sur des assaillants s'avançant au delà n'aient pas à le traverser.

Le tir, au travers des réseaux de fils de fer, offre, en effet, de nombreux inconvénients.

Tout d'abord les balles, passant dans le réseau, coupent de nombreux fils de fer, amenant ainsi une

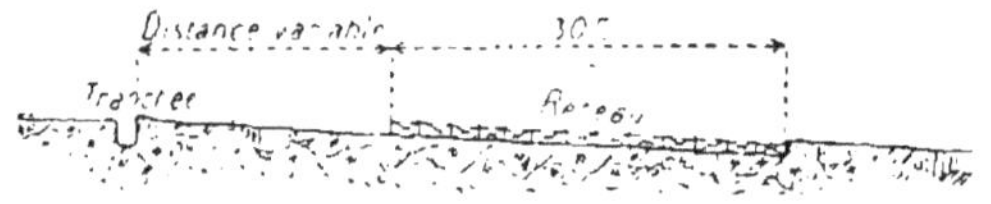

Fig. 104. — Réseau de fils de fer.

dislocation prématurée du réseau. D'autre part, nombre de balles sont déviées, perdent la bonne direction, ou sont privées d'une partie de leur puissance de pénétration; néanmoins, il faudra, bien entendu, que l'excavation qui contient le réseau puisse être, d'une manière complète, battue par les feux des défenseurs de l'ouvrage.

En cas de surprise, on conçoit qu'une équipe de travailleurs bien déterminés pourrait s'avancer assez loin dans le réseau avant que les tirailleurs n'aient pu prendre leurs emplacements de combat.

L'expérience, faite en temps de paix, a montré que, pour parer aux surprises, l'épaisseur du réseau devait être au minimum de 30 m.

On pourra constituer cette épaisseur de réseau par

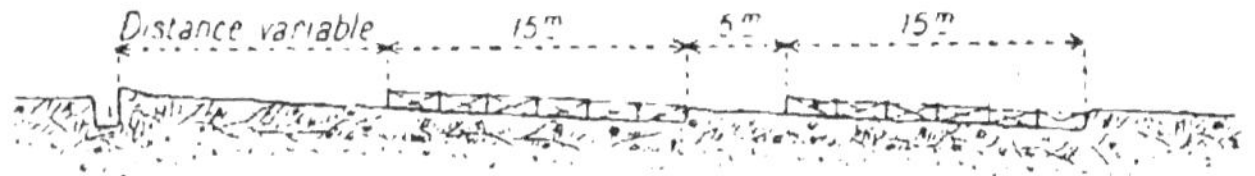

Fig. 105. — Réseau constitué par deux zones.

deux zones de fils de fer de 15 m d'épaisseur, séparées l'une de l'autre par un couloir de 5 m.

Un semblable dispositif est plus facile à surveiller, plus difficile à détruire par les explosifs et se prête bien au flanquement.

Enfin, le réseau devra être construit de façon à pouvoir être flanqué vers sa lisière, de manière à éviter les inconvénients du tir à travers une grande épaisseur de réseau.

DÉFILEMENT ET PRÉCAUTIONS DIVERSES. — Il faut chercher à défiler le plus possible les réseaux, même aux vues des observateurs aériens, pour éviter leur destruction prématurée et aussi pour augmenter leur valeur, comme obstacle, par l'effet de surprise.

On conservera à l'intérieur du réseau toute la végétation possible, même arborescente, dont la destruction n'est pas nécessitée par le dégagement du champ de tir ou la surveillance des abords

Il faudra se souvenir que la destruction des fils de fer est d'autant plus difficile que leur disposition est plus irrégulière.

On évitera donc, tant à ce point de vue qu'au point de vue de la visibilité, des alignements trop réguliers, de disposer les piquets et les fils d'une manière trop symétrique; on peindra au besoin les piquets.

CONSTRUCTION DES RÉSEAUX DE CAMPAGNE. — Un réseau de fils de fer se compose de plusieurs rangs de pieux, réunis les uns aux autres par un fort entre-

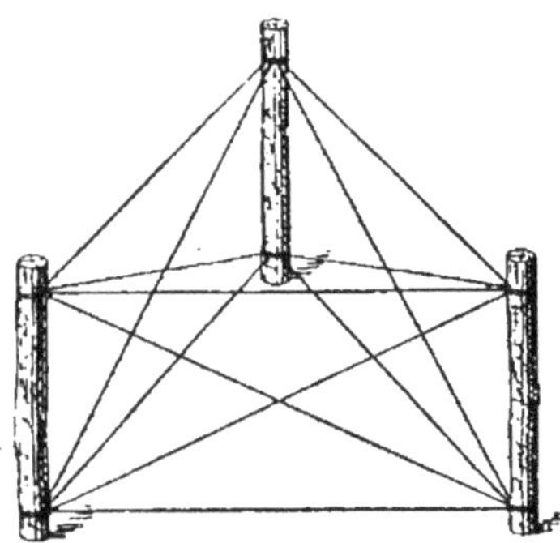

Fig. 106. — Réseau constitué par le gros fil de fer seul.

lacement de fils de fer. Le réseau est posé par des brigades de six hommes, commandées par un sous-officier et munies, autant que possible, des outils ci-après : 1 maillet feutré, 1 masse carrée, 1 scie à tenon,

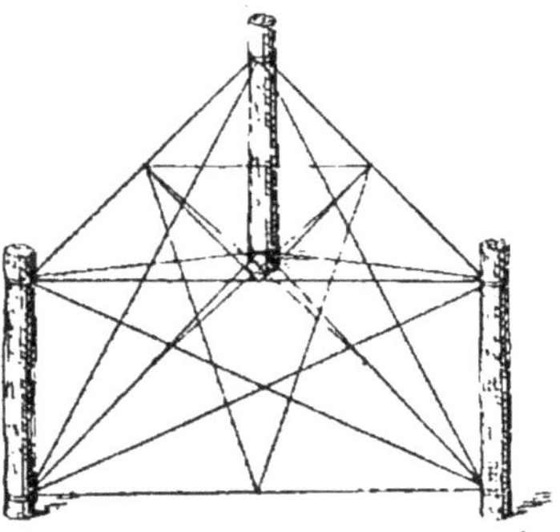

Fig. 107. — Réseau complet après la pose des fils de fer fins.

2 pinces plates coupantes, 1 hache, 1 serpe de côté (pour faire les ligatures), 1 vrille, 1 marteau et 1 tenaille.

Les pieux ont de 1 m 30 à 2 m de longueur, et 10 cm de diamètre au moins. On les plante en quinconce, en les espaçant les uns des autres de 2 m à 2^{m}50, et en évitant toute régularité.

Les pieux des rangées extérieures sont enfoncés à 1 m de profondeur, ceux du milieu, de 50 à 70 cm.

On les enfonce d'ailleurs inégalement, de manière à empêcher toute possibilité pour l'assaillant de s'en servir comme support, pour des pistes échelles, de la tête des divers piquets.

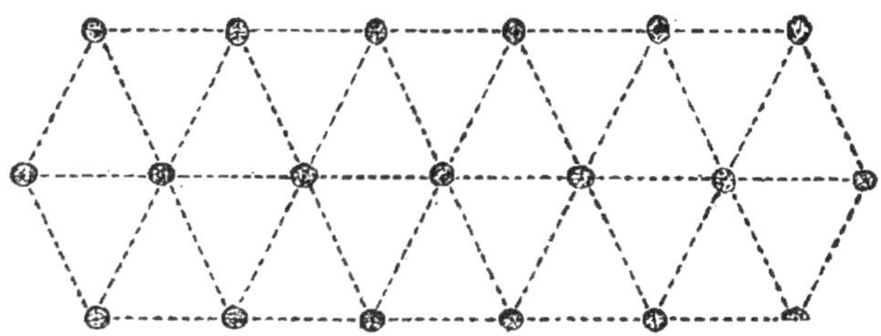

Fig. 108. — Disposition théorique des piquets.

Les pieux dépassent ainsi la surface du sol de 80 cm à 1^{m}40. On les relie tout d'abord, ainsi que l'indique l'une des figures, par du gros fil de fer de 3 à 5 mm de diamètre qui s'enroule autour d'eux alternativement près de leur tête et à 15 ou 20 cm au-dessus du sol. Ce fil est arrêté, çà et là, par des pointes rabattues, afin que la rupture d'un point du réseau n'entraîne pas la destruction de l'ensemble.

On double ensuite le réseau par un second réseau constitué en fil de fer plus fin de 2 mm de diamètre ou en fil de fer barbelé s'attachant sur le gros fil à mi-distance des pieux.

Conduite du travail. — Deux hommes préparent les pieux. Chaque brigade de quatre hommes travaille de la manière suivante : le sous-officier marque, au moyen de petits piquets, l'emplacement des pieux.

Chaque pieu est enfoncé par deux hommes. Le fil de fer est ensuite posé le long d'une rangée de pieux, et sur les diagonales comprises entre cette rangée de pieux et la suivante.

Deux hommes portent le rouleau de fil de fer et le développent, deux autres suivent avec des pointes, du fil pour ligatures, une vrille et des marteaux, pour arrêter le fil à hauteur convenable sur le pieu, et l'assujettir avec une pointe recourbée ou un cavalier.

Lorsque le travail est assez avancé, des hommes isolés posent le fil mince.

Pour 1 m^2 de réseau, il faut 7 m de gros fil de fer, 10 m de fil de fer mince, 1 m à 1^{m}50 de fil pour ligatures, 1 pieu et une dizaine de pointes [1].

Réseaux simplifiés. — Lorsque les circonstances de temps, de situation militaire ou de matériel ne permettent pas l'établissement d'un réseau complet, on peut constituer un obstacle sérieux en reliant des pieux par des fils de fer moins nombreux et en se contentant, par exemple, entre deux pieux d'un fil horizontal et d'une diagonale.

A la lisière des bois, on clouera sur les arbres des fils de fer ou des treillis et grillages métalliques.

On peut également combiner les réseaux de fils de fer avec les abatis, en coupant assez haut les arbres que l'on abat. Dans ce cas, les troncs restés en place constituent les piquets destinés à supporter le système.

Franchissement et destruction des réseaux de fils de fer. — Le franchissement d'un réseau de fils de fer n'est possible que par des hommes isolés, rampant sous le réseau, et munis de cisailles avec lesquelles ils coupent les fils qui s'opposent à leur progression.

La destruction peut s'opérer à l'aide d'explosifs (nous l'examinerons lorsque nous étudierons ceux-ci), ou à la cisaille.

La destruction à la cisaille n'est possible que si elle peut être faite au très petit jour, sans donner

---

(1) Pour la pose des réseaux de fils de fer, il est avantageux de disposer au préalable, sur des billots de bois, le fil de fer en fuseaux. Ensuite, le travail peut être conduit de la manière suivante : une équipe n° 1 pose le gros fil de fer réunissant la base de tous les piquets; une équipe n° 2 pose sans couper le fil les croix de Saint-André et les fils unissant la partie supérieure des piquets, sur les faces des triangles formant les panneaux parallèles au front; une équipe n° 3 pose de même les panneaux transversaux, et enfin une équipe n° 4 pose le fil de fer mince.

l'éveil, ou lorsque les travailleurs se portent en avant au milieu et en même temps qu'une ligne de tirailleurs. Elle exige l'emploi de cisailles renforcées, dont les manches sont garnis de drap.

Le personnel nécessaire pour ouvrir un passage comprend un sous-officier chef de brigade et deux équipes.

La première équipe, placée en tirailleurs sous la direction du sous-officier, a pour mission de couper tous les fils au ras des piquets, le nombre des hommes qu'elle comprend dépendra de la largeur du passage à ouvrir. Il faudra un homme à chacune des limites latérales du passage et un homme des deux côtés de chacune des files plus ou moins régulières de piquets comprises dans le passage.

Tous ces hommes portent la cisaille renforcée suspendue au cou à l'aide d'une courroie ou d'une commande. Le sous-officier indique la tâche de chacun.

Les hommes s'avancent en se dissimulant le plus possible et en s'efforçant de progresser au plus vite dans le réseau, sans s'inquiéter les uns des autres et sans faire de bruit.

Lorsque les hommes ont traversé le réseau, ils reviennent en arrière, en coupant les fils dans la direction de leurs camarades en retard, de manière à abréger leur tâche.

La seconde équipe suit à 15 pas, commandée par un caporal.

Les hommes sont munis de cisailles et, si possible, de gants de cuir; leur tâche consiste à rejeter à droite et à gauche du passage les fils coupés et à arracher ou à redresser les pieux renversés par le tir de l'artillerie.

Ils entrent en action, sans attendre d'ordres, dès que la tâche de leurs camarades est commencée.

Des hommes exercés progressent ainsi de 5 à 6 m par minute [1].

---

(1) Lorsqu'on se trouve en présence de réseaux parcourus par des courants à haute tension, pourvus ou non d'isolateurs, il faut, en principe, mettre les conducteurs à la terre et ensuite détruire le réseau en se servant d'outils pourvus de manches isolants ou rendus tels.

Réseaux Brun. — Les réseaux de fils de fer système Brun sont constitués par la juxtaposition d'un certain nombre de cylindres creux ou boudins dont la surface est formée par un réseau à grandes mailles en fil d'acier de 2^{mm} 4 de diamètre (fil n° 15 clair galvanisé).

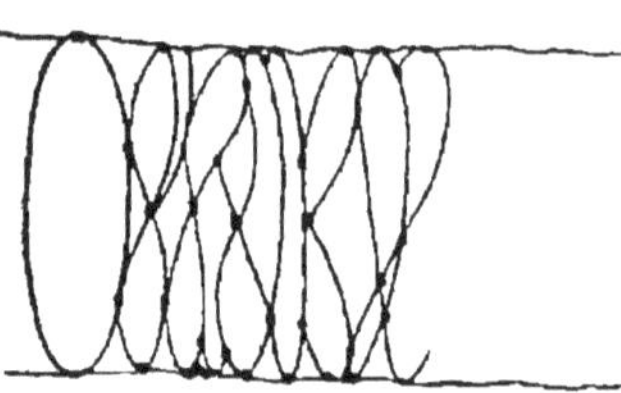

Fig. 109. — Élément de réseau Brun.

Chaque boudin se présente, avant la mise en place, sous la forme d'une sorte de couronne de fil de fer ayant environ 1^{m} 35 de diamètre extérieur. Lorsqu'il est convenablement étiré, le boudin reste allongé sur le sol en offrant une longueur de 20 m : en même temps il conserve assez d'élasticité pour ne pas trop s'affaisser et présenter un diamètre vertical d'environ 80 cm avec un diamètre horizontal d'environ 1 m.

Les couronnes sont réunies en paquets de 5 dans le but de faciliter le transport, l'engerbement et les manipulations en magasin.

Résistance. — Chacun des boudins étant relativement plus facile à franchir qu'un réseau ordinaire avec piquet, la valeur réelle de l'obstacle dépend du nombre de boudins successifs, c'est-à-dire de l'épaisseur du réseau.

Comme tous les réseaux de fils de fer, le réseau Brun dévie les balles qui le traversent. Les fils rencontrés sont coupés, et, en même temps, les balles perdent leur puissance de pénétration ainsi que leur portée.

Par suite, un tir d'infanterie exécuté au travers d'un réseau perd une partie de son efficacité et diminue la valeur de l'obstacle.

Un obus explosif de campagne pouvant déblayer une surface de 10 à 12 m², le tir de l'artillerie est susceptible d'ouvrir dans le réseau une brèche praticable à l'infanterie.

La résistance des réseaux Brun étant finalement moindre que celle des réseaux ordinaires, il y a lieu d'appliquer avec tout le soin possible les dispositions générales concernant leur protection.

MISE EN PLACE. — La transformation d'une couronne en boudin et la mise en place de ce boudin sont effectuées par quatre poseurs qui opèrent de la façon suivante :

La couronne est posée de champ au milieu de l'emplacement qu'occupera le boudin, deux des hommes, se plaçant de part et d'autre de la couronne, saisissent les parties de celle-ci qui constitueront les extrémités du boudin.

Ils s'écartent l'un et l'autre en marchant à reculons, pour étirer le boudin jusqu'à ce que la distance qui les sépare soit d'environ 30 m (cet écartement de 30 m est nécessaire, afin que l'extension du boudin soit suffisante pour que l'on dépasse légèrement la limite d'élasticité). Les deux autres hommes aident les précédents en agissant pour démêler les spires, qui sont toujours un peu enchevêtrées, et surtout en déplaçant par soubresauts le boudin afin de régulariser l'étirage. Le boudin est ensuite abandonné à lui-même puis, soumis à quelques secousses, il se raccourcit jusqu'à n'avoir plus qu'une vingtaine de mètres. L'observation de cette prescription est importante pour éviter que le boudin, une fois étiré et abandonné à lui-même, ne se resserre outre mesure en vertu de son élasticité.

DIVERS MODES DE DISPOSITION DES BOUDINS. — *A*) La longueur du réseau dépend du front à garnir, l'épaisseur dépend de la valeur que l'on veut donner à l'obstacle.

Dans le dispositif dit réseau normal (fig. 110), les lignes du boudin, au nombre de cinquante, sont juxtaposées suivant les génératrices de façon à former un réseau serré d'une cinquantaine de mètres de profondeur, les boudins des différentes lignes sont reliés les uns aux autres au moyen de ligatures en fil de fer, à raison de 4 ou 5 par boudin dans le sens de la longueur, à moins, toutefois, que les cultures existantes n'assurent suffisamment ces liaisons.

Il est utile de ne pas placer les joints successifs les uns derrière les autres.

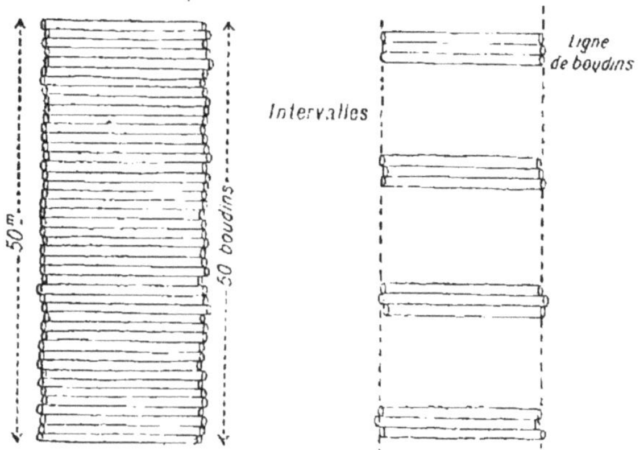

Fig. 110. — Disposition des réseaux Brun.

L'augmentation de l'épaisseur du réseau a pour effet d'accroître la consommation des projectiles à dépenser par l'artillerie ennemie pour sa destruction.

Pour arriver à ce résultat, en réduisant le matériel nécessaire, on peut, au lieu de juxtaposer toutes les lignes de boudins, les séparer, en groupes de quelques lignes seulement, assez éloignées les unes des autres.

On obtient ainsi un réseau de lignes successives (fig. 110).

Les lignes de boudins sont placées parallèlement au front, en commençant par les plus avancées. Dans le

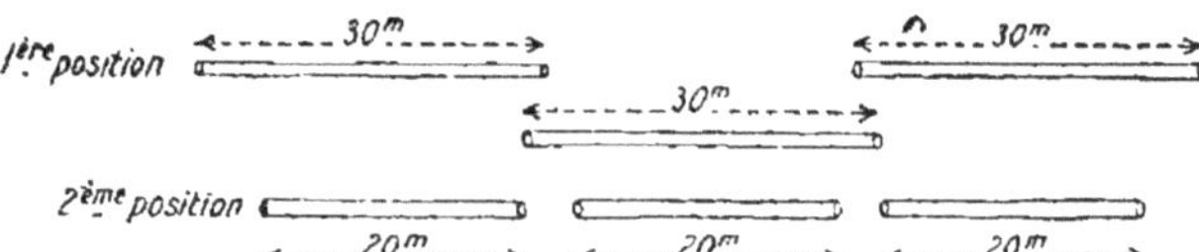

Fig. 111. — Placement des boudins sur un même front.

cas où l'on opère par lignes successives, on peut les commencer en même temps par leurs parties extrêmes (fig. 111).

L'extension des boudins à 30 m exige que les boudins de numéros pairs sur un même alignement soient détendus un peu en arrière de cet alignement.

Ils sont ensuite reportés sur leur emplacement éfinitif.

B) Dans certains cas, il eut être avantageux, au lieu l'accoler les boudins à plat ur le sol, de les superposer ur deux rangs en hauteur, le façon à former un obsacle plus difficile à franchir fig. 112).

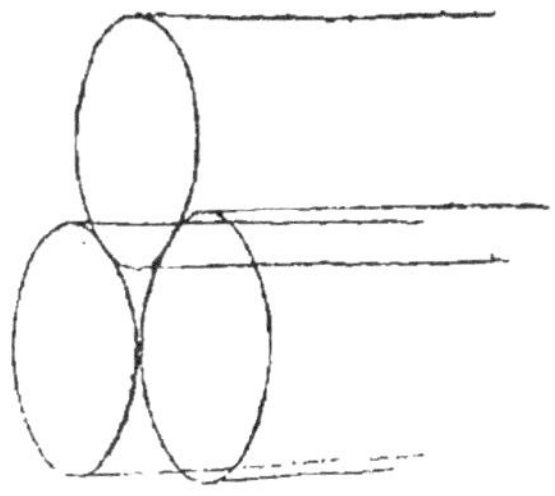

Fig. 112. — Boudins superposés.

Fixation du réseau. — Les différents boudins sont réunis les uns aux autres par du fil à ligature.

Chacun des boudins est fixé au sol, en 4 ou 5 points, au moyen de cavaliers à deux branches égales ou de crochets en fer rond de 8 mm environ de diamètre (fig. 113), ou bien à l'aide de points d'arrêts existant sur le terrain.

Le cavalier à deux branches égales est préférable au crochet à deux branches inégales, bien enfoncé dans le sol, il assure une meilleure fixation que le crochet; mais en terrain dur ou très consistant, sa mise en place est, en général, plus difficile que celle de ce dernier.

On peut augmenter la valeur de l'obstacle constitué par les réseaux Brun en fixant les boudins à des piquets en bois ou en fer plantés dans le réseau.

Ces piquets peuvent être avantageusement placés sur les axes des boudins à des intervalles de 5 m environ (soit 4 piquets par boudin) et disposés en quinconce dans chaque rangée; sur les boudins formant lisière on double le nombre de piquets.

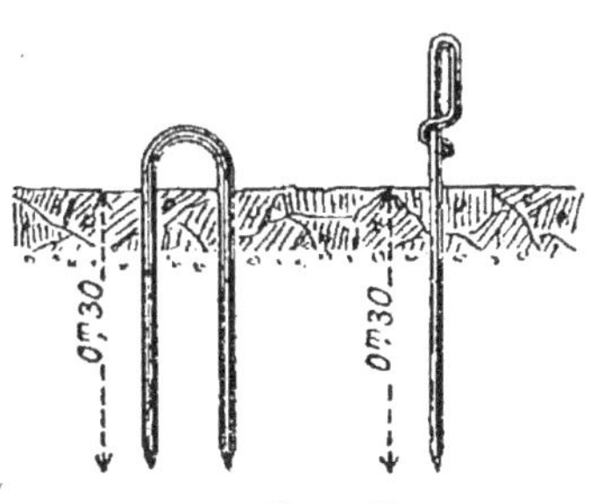

Fig. 113.
Cavalier et crochet de fixation.

A l'intérieur du réseau, on peut se contenter, à défaut de temps et de matériel, de placer les piquets dans les boudins de rang impair.

Les piquets doivent dépasser le sol de $1^{m}30$, on

fixe sur leur sommet, au moyen de pointes rabattues ou de ligatures en fil de fer, la croisée des fils de la partie supérieure du boudin qui est la plus voisine.

Les fils voisins du sol peuvent être fixés à la partie inférieure des piquets et, dans ce cas, les cavaliers ou crochets sont répartis en conséquence.

Les piquets en fer sont moins visibles que les piquets en bois, surtout quand ils reçoivent une peinture appropriée au terrain environnant.

Les supports naturels (arbres, poteaux, etc.) peuvent avantageusement être utilisés; il est en particulier très facile de renforcer une lisière de bois par l'installation de boudins étagés passant alternativement devant et derrière les arbres.

On augmente encore très nettement les difficultés de franchissement des réseaux Brun renforcés comme il vient d'être dit, en reliant diagonalement entre eux la partie supérieure des piquets par des fils de 3 à 5 mm passant sous la partie supérieure des boudins et légèrement tendus, de manière à s'opposer à l'aplatissement du réseau.

Par suite de la facilité de conservation en magasin, de sa commodité de transport et de sa rapidité de mise en place, le réseau Brun est particulièrement propre à l'établissement, en un point quelconque, sans préparatifs préalables, d'un obstacle suffisant pour préserver contre une surprise.

Son emploi paraît particulièrement indiqué:

Pour permettre de couvrir rapidement contre un coup de main une troupe poussée sur un point avancé;

Pour garantir une batterie;

Pour obstruer une brèche faite dans une contrescarpe;

Pour préserver les flancs et surtout la gorge d'un ouvrage contre un mouvement débordant en cas d'assaut.

Le réseau Brun avec piquets peut être établi :

A) En installant d'abord un réseau ordinaire et en le renforçant, ensuite, par la mise en place de piquets.

B) En disposant à l'avance les piquets et en n'installant les boudins qu'au moment du besoin.

A) *Renforcement.* — Le procédé de renforcement par

des piquets permet de transformer rapidement un réseau Brun ordinaire et d'obtenir un réseau comparable au réseau réglementaire avec piquets, un peu moins visible que ce dernier, un peu inférieur comme valeur d'obstacle, mais bien supérieur comme facilité d'exécution.

Il peut être appliqué dans le cas où l'on veut peu à peu compenser une trop faible épaisseur initiale du réseau par une augmentation de la valeur de chacune des rangées.

Son emploi paraît indiqué pour les travaux de renforcement d'une position enlevée, etc., ou encore pour la réparation d'un réseau Brun affaissé par une tentative de passage.

B) Installation sur piquets. — Dans le procédé d'installation sur des piquets existants, la mise en place des boudins se fait en les déployant le long de la rangée de piquets correspondants et en les soulevant pour coiffer les piquets; elle demande à peine plus de temps que la mise en place normale.

Ce procédé permet de constituer très rapidement des réseaux analogues aux réseaux réglementaires sur les points où ces derniers n'ont pu être installés, à la seule condition que les piquets soient préalablement implantés. Dans ce cas, les piquets, dépassant le sol de 1 m à $1^{m}30$, doivent être scellés dans un bloc de béton ou munis à leur pied d'une semelle en tôle, ou fortement enfoncés s'ils sont en bois.

L'emploi de ce procédé permettra, dans les places, d'installer assez rapidement, au dernier moment, des réseaux d'un développement étendu avec un personnel restreint et peu instruit.

Il est indiqué également pour la réparation des réseaux réglementaires dont les fils auraient été coupés.

L'emploi combiné des réseaux Brun et des supports naturels (poteaux, arbres, etc.) permettra d'obstruer rapidement des débouchés (routes, avenues). Il se prête également à l'installation, sur la lisière d'un bois, d'un obstacle plus simple et moins visible que des abatis. Dans ce cas il est indiqué de l'utiliser avec boudins superposés.

CHAPITRE XI

DÉFENSES ACCESSOIRES DIVERSES INSTALLATION ET FRANCHISSEMENT

Palissades.

Obstacles formés par une file de pieux de 10 à 20 cm d'épaisseur, sur 2m 50 à 3 m de longueur. Ces pieux sont plantés à quelques centimètres d'intervalle.

Les pieux, ou palis, ont la forme de prismes à trois faces de 18 à 20 cm de longueur chacune, ou de demi-cylindres de 18 à 20 cm de diamètre, suivant qu'ils sont tirés de bois équarris ou de bois en grume. On ne refend pas les pieux lorsqu'ils n'ont pas plus de 20 cm de diamètre.

On doit disposer de 4 palis par mètre courant pour établir une palissade. Un atelier de quatre hommes débite 40 palis par jour. Il est nécessaire que l'atelier ait à sa disposition 1 scie de long, 4 haches, 2 masses carrées et 8 coins en fer.

Pour établir une palissade, on creuse tout d'abord, le long du tracé, une rigole de 80 cm de profondeur sur 40 cm de largeur.

On plante de 5 en 5 m, dans cette rigole, des palis de jalonnement que l'on aligne avec soin.

On fixe un clou à leur sommet, et on réunit les clous par un cordeau.

On plante ensuite les palis intermédiaires, en amenant leur pointe sur l'alignement du cordeau et en laissant entre eux des intervalles de 6 à 7 cm.

La face la plus large du palis est tournée du côté du défenseur, l'arête ou la face ronde du côté de l'assaillant.

Les palis sont soutenus à leur partie supérieure par un liteau chevillé, ou maintenus dans leur rigole par deux files de palis couchés en long, l'une en dedans au fond de la rigole, l'autre en dehors, presque à fleur de terre.

A mesure que les palis sont en place, on remblaie la rigole en damant les terres et en garnissant avec soin

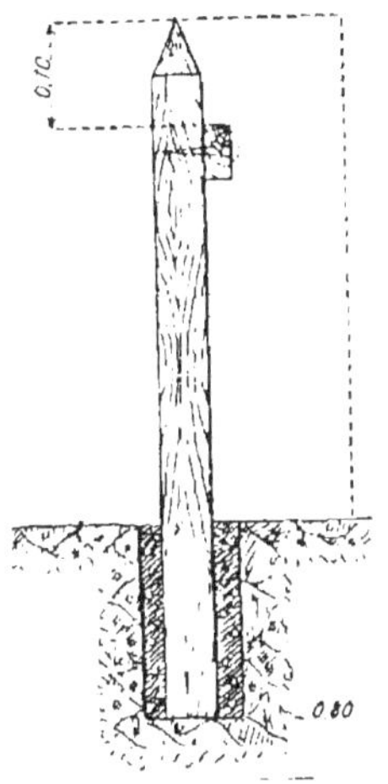

Fig. 114. — Coupe d'une palissade pourvue d'un liteau.

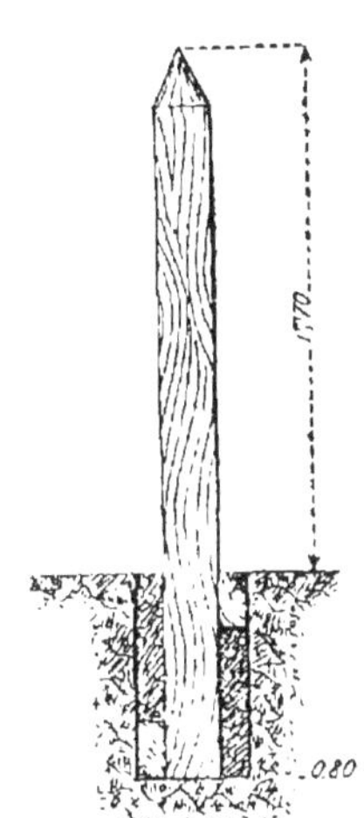

Fig. 115. — Coupe d'une palissade non pourvue d'un liteau.

de pierres ou de gazon le pourtour de chaque palis. Un atelier de trois hommes peut planter 12 à 15 m de palissade par jour. Les palissades sont employées dans la défense des lieux habités, pour clore des brèches, etc. Les palissades sont détruites par les projectiles d'artillerie, à la scie ou à l'aide d'explosifs. Elles sont franchies par escalade.

Palanques. — Les palanques sont constituées par des corps d'arbres de 20 à 30 cm de diamètre et de 4 m de hauteur, terminés en pointe à leur sommet et plantés jointifs en terre, de manière à présenter un obstacle de 3 m de hauteur. On pratique dans les joints, à 1^{m}30 de hauteur et à 1 m d'intervalle les uns des autres, de petits créneaux de 25 cm de hauteur et de 8 cm de largeur à l'extérieur, légèrement évasés à l'intérieur. On garnit les joints des corps d'arbres avec des pièces de bois de plus petite dimension, dont les sommets, terminés carrément, s'élèvent jusqu'à l'appui des créneaux. Ces palanques ne résistent pas au tir de l'artillerie, aussi est-il bon d'augmenter la valeur de cet obstacle en le renforçant par un parapet en terre ou en construisant, en avant, un coffrage en troncs d'arbres. L'espace entre la palanque et ce coffrage est alors rempli de terre.

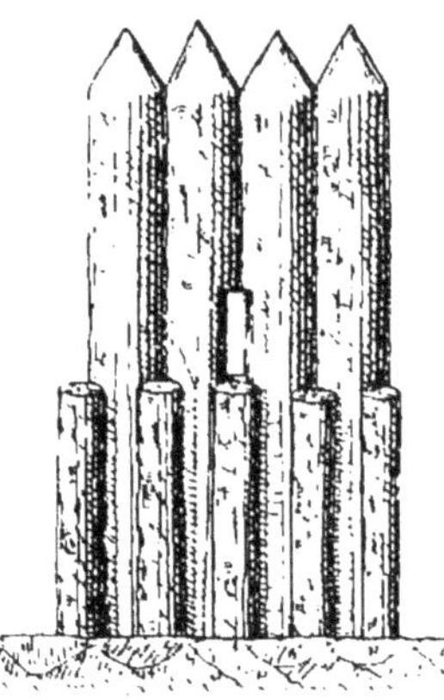

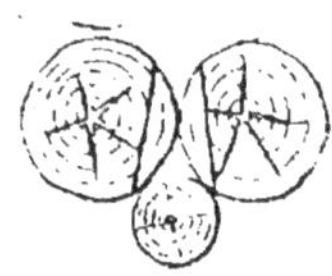

Fig. 116. — Élévation d'une palanque. (Côté du défenseur.)

Fig. 117. — Plan d'une palanque.

Abatis. — Les abatis d'arbres sont formés par des arbres abattus dont on a enlevé les feuilles et les petites branches.

On distingue les *abatis sur place*, formés d'arbres abattus sur place et non séparés de leur souche, et les *abatis de transport*, composés d'arbres séparés de leur souche pour être transportés là où l'on veut organiser l'obstacle.

Pour les abatis sur place, on se sert d'arbres d'un diamètre quelconque; pour les abatis de transport, on ne peut guère employer que des arbres dont le diamètre ne dépasse pas 15 à 20 cm et dont la longueur n'est pas supérieure à 5 à 6 m. Les arbres sont, dans tous les cas, dépouillés de leur feuillage et de leurs menues branches, les grosses branches sont appointées.

Les arbres et les maîtresses branches sont fixés au sol par des piquets et des harts. On relie en outre, si c'est possible, les branches et les troncs des abatis par des fils de fer dont l'entrelacement renforce et consolide l'ensemble.

On peut également apporter de grosses branches et les entrelacer avec celles des arbres abattus.

On peut encore constituer des abatis en utilisant simplement de grosses branches de 3 à 4 m de longueur dont on appointe les rameaux et qui sont fixées au sol par des piquets.

On les relie en outre les unes aux autres par des perches qui sont elles-mêmes fixées au sol.

Les abatis sont, autant que possible, masqués à la vue de l'assaillant.

On les emploie dans les mêmes conditions que les réseaux de fils de fer et, en outre, à la lisière des bois et aux issues des lieux habités.

A la lisière d'un bois de futaie, il faut trois rangées d'arbres pour constituer un obstacle sérieux.

Un abatis ne peut être franchi que par des hommes isolés et avançant lentement. La destruction peut en être effectuée à l'aide d'explosifs.

Trous de loup. — Les trous de loup sont des excavations de forme tronconique, que l'on dispose en quinconce et auxquelles on donne les dimensions suivantes :

Profondeur. . . .	1m30	Largeur au fond. . . .	0m70
Largeur en haut.	2 m	Espacement de centre en centre.	3 m

Pour disposer régulièrement les centres des trous de loup, on fait usage d'un triangle équilatéral en corde, dont les côtés ont 3 m de longueur et qui porte, à chaque sommet, une boucle servant à marquer la place même du piquet. On décrit autour de chaque centre ainsi déterminé un cercle de 1 m de rayon qui indique le bord supérieur du trou.

Chaque trou est creusé par un seul homme, qui fait l'excavation sur toute sa profondeur, sans laisser de gradins intermédiaires, mais en observant la pente des talus.

Les terres provenant de la fouille sont accumulées dans les intervalles et damées par des régaleurs, de manière à présenter des arêtes vives.

Lorsqu'on a besoin d'utiliser ces terres ailleurs, on garnit de petits piquets l'intervalle des trous.

Les trous achevés, on place au fond de chacun

d'eux trois petits piquets bien appointés faisant saillie de 30 cm (1). Le franchissement des trous de loup peut s'effectuer éventuellement au moyen de deux procédés simples :

1° Masquer les piquets de fond de chacun des trous de loup situés dans le passage de la colonne au moyen

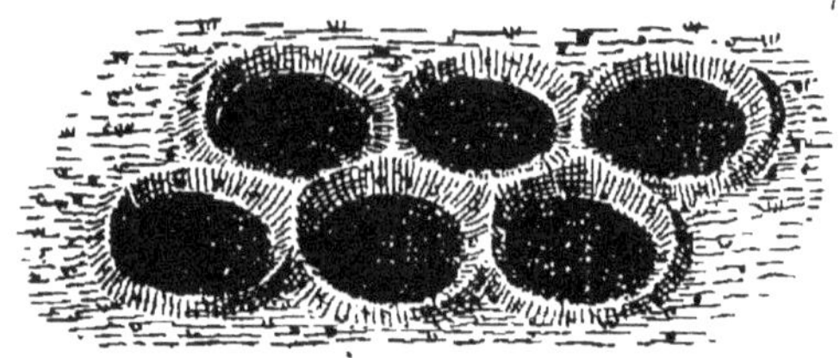

Fig. 118. — Réseau de trous de loup.

d'une claie par trou, ou d'une grosse botte de fourrage, d'un fagot, etc. pour éviter les accidents en

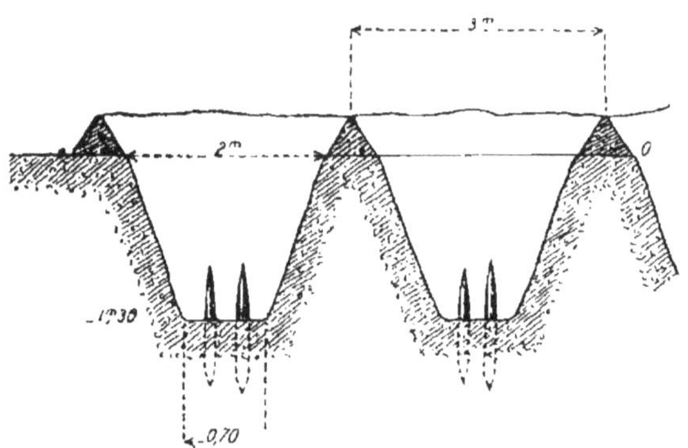

Fig. 119. — Coupe d'un réseau de trous de loup.

cas de chute. Franchir le réseau en circulant entre ces trous;

2° Combler partiellement chacun des trous de loup situés dans le passage de la colonne avec une grosse botte de fourrage apportée par un homme muni d'une

(1) Ces piquets sont avantageusement remplacés par des lames de baïonnette choisies naturellement parmi celles prises à l'ennemi. On peut masquer l'ouverture de ces trous par des branchages.

pioche, qui pénètre dans le trou et y fait descendre rapidement une partie des terres du bourrelet et des parois.

Ces deux procédés de franchissement sont avantageusement remplacés par le procédé des pistes-échelles.

On prend des échelles ordinaires, aussi légères que possible et assez longues pour que, brélées bout à bout sur 50 cm environ, deux de ces échelles aient une longueur à peu près égale à la profondeur du réseau de trous de loup.

Sur leurs échelons et sur chaque face, on cloue un cours de voliges de 10 à 15 mm d'épaisseur. Ces engins sont préparés à l'avance, hors des vues de l'ennemi, et à proximité du lieu de leur emploi.

On constitue autant d'équipes qu'il y a de pistes-échelles à lancer et on place chacune de celles-ci sur le réseau des trous de loup, d'abord en porte à faux, puis en pesant sur l'arrière pour faire glisser plus aisément l'avant. Une colonne par un, aussi serrée que possible, peut passer au pas gymnastique sur une semblable piste.

Enfin, pour sortir d'un trou de loup dans lequel on est tombé accidentellement, on doit s'élancer vivement en décrivant une spirale, une ascension suivant une génératrice n'ayant aucune chance de réussir.

Petits piquets. — Les petits piquets ont 50 à 60 cm de long. On les plante irrégulièrement, à 26 ou 30 cm les uns des autres, de manière à leur faire dépasser le terrain d'une hauteur variant entre 25 et 35 cm.

Il faut seize de ces piquets par mètre carré. On les appointe à la partie supérieure après les avoir enfoncés, en les inclinant légèrement du côté de l'assaillant.

Il est bon de les masquer par un petit glacis, surtout si l'on craint qu'ils ne soient exposés au tir de l'artillerie adverse.

On peut les franchir, comme les trous de loup, sur des pistes-échelles.

Éventuellement, on peut créer un passage sur un réseau de petits piquets, au moyen de deux files de claies jointives, du modèle réglementaire, ayant leur grand côté normal à la direction du passage.

CHEVAUX DE FRISE. — Un cheval de frise est formé d'une poutrelle carrée de 3 à 4 m de longueur, dont les faces sont traversées alternativement de 15 en 15 cm par des lances en bois de 3 m.

Fig. 120. — Cheval de frise vu de bout.

Ces engins peuvent servir de barrière. On en construit également avec des lames en fer. Enfin, on peut également constituer des chevaux de frise en fixant à l'aide de fil de fer, sur un rondin de 2 à 3 m de long, des chevalets constitués par deux rondins appointés à chaque extrémité, longs de 1m50, et fixés tous les mètres perpendiculairement au rondin principal. Ensuite, on réunit par du fil de fer barbelé chacune des extrémités de chaque chevalet aux extrémités des chevalets voisins. Ces engins sont alors soit lancés, soit posés suivant des figures plus ou moins compliquées et réunis les uns aux autres par des fils de fer fixés eux-mêmes à de forts piquets.

HÉRISSONS. — On nomme hérissons des défenses accessoires constituées par trois piquets de 1m50 de long, pointus à leurs extrémités, fixés l'un à l'autre en leur milieu, dans trois plans perpendiculaires, par des ligatures en fil de fer. On unit ensuite chaque sommet du hérisson à tous les autres sommets, par du fil de fer barbelé. Ces engins s'utilisent comme des chevaux de frise.

Collets. — Les collets se font en préparant, avec du fil de fer, une sorte de nœud de batelier très ouvert. Les brins libres sont fixés à des piquets, et les deux boucles attachées l'une à l'autre par de petites ligatures en fil de fer. L'ensemble forme un arceau que l'on maintient vertical et dissimulé. On dispose ces collets en grand nombre et en tous sens.

TITRE IV

LES EXPLOSIFS

CHAPITRE XII

EXPLOSIFS ET ARTIFICES

On distingue les explosifs proprement dits, qui servent à produire les destructions ou explosions nécessaires aux armées, et les artifices qui sont employés pour déterminer l'explosion des précédents dans les conditions voulues.

Explosifs.

Ils comprennent les poudres, dont l'effet destructeur ne se manifeste que lorsqu'elles ont pu être bourrées, et les explosifs brisants pour lesquels un bourrage n'est pas nécessaire.

La poudre noire est la seule employée aux armées.

Les explosifs brisants sont la mélinite et la dynamite. La cheddite est un explosif demi-brisant.

Poudre noire. — La poudre noire des approvisionnements du génie, dite poudre M. C. 30, présente la composition suivante :

Salpêtre	75	%
Soufre	12,5	—
Charbon.	12,5	—

Elle possède la même composition que l'ancienne poudre à canon.

Elle se présente sous la forme de grains durs et anguleux de couleur ardoisée.

Elle s'enflamme au contact des corps en ignition, sous l'action des chocs très violents, et de l'étincelle électrique. A l'air libre, elle brûle, à moins qu'elle ne soit en grande masse. Dans ce cas, elle détone, de même d'ailleurs que si elle est comprimée ou introduite en vase clos.

La détonation est bien plus violente dans le cas où le feu est mis par une quantité convenable d'explosif brisant.

La poudre noire est conservée en barils de bois, doublés de zinc, de 50 kg.

Pour conserver la poudre en bon état, il faut la tenir à l'abri de l'humidité, dans des récipients aussi étanches que possible.

En raison de la facilité avec laquelle elle s'enflamme, la poudre doit être manipulée avec les plus grandes précautions, l'ouverture des récipients se faisant toujours au moyen d'outils en bronze.

Pour les transports à petite distance, on doit éviter autant que possible de traîner, rouler ou brouetter les récipients que l'on transporte sur des civières.

CHEDDITE, NATURE ET PROPRIÉTÉS. — La cheddite O n° 2 provenant du commerce, est actuellement en usage dans nos armées. Sa composition est la suivante :

Chlorate de potasse	79
Dinitrotoluène	5
Huile de ricin	16
	100

Le maniement de la cheddite exige, outre les précautions habituelles à prendre avec tous les explosifs, certains soins particuliers. On doit la conserver dans des enveloppes en papier, ou mieux en papier paraffiné, bien fermées.

Ceci a pour but d'en éviter le répandage. Un choc, sur une parcelle isolée, peut, en effet, déterminer une explosion susceptible de se communiquer, si cet accident se produit dans un espace confiné tel qu'un trou de mine.

La cheddite n'est pas hygroscopique, et elle ne perd ses propriétés explosives que dans une atmosphère très humide, ou lorsqu'on la plonge dans l'eau.

Elle n'attaque pas les métaux mais elle perd ses propriétés si on la comprime d'une manière telle que sa densité atteigne 1,55. On devra donc éviter de la comprimer, ou encore de l'exposer au soleil ou à la chaleur, ce qui ramollirait ses constituants et augmenterait sa compressibilité.

EMPLOI. — La cheddite s'emploie dans une enveloppe qui a pour but d'éviter le répandage et de faciliter son introduction dans les trous.

L'enveloppe sera en métal mince, papier paraffiné ou papier ordinaire. Pour les grosses charges, on emploie une caisse en bois garnie à l'intérieur de papier paraffiné. Enfin, lorsque la chambre d'explosion est très humide, la cheddite doit être placée dans une enveloppe étanche.

Elle est livrée sous forme de cartouches contenant 135 gr d'explosif ou en paquets de 1 à 10 kg.

On peut, bien entendu, confectionner à volonté des cartouches ou pétards de dimensions convenables.

On met le feu à la cheddite à l'aide d'une amorce fulminante contenant au moins 1gr 5 de fulminate, ou de l'amorce électrique.

Les cartouches ne doivent pas être éloignées les unes des autres de plus de 5 cm pour que la détonation se transmette.

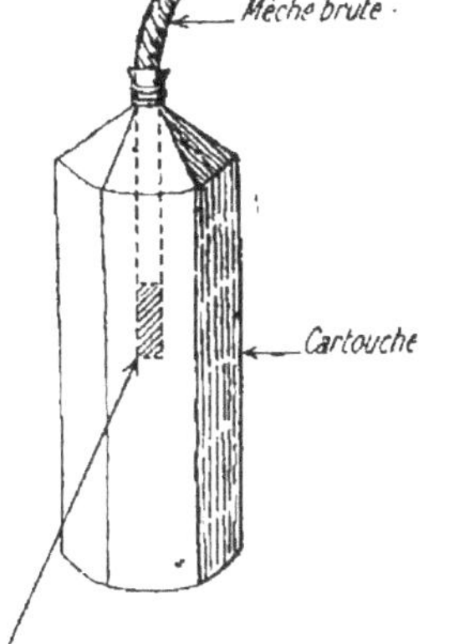

Fig. 121.
Amorce fulminante dans l'intérieur de la cartouche.

Dans le cas de grosses charges, on met en contact les caisses de cheddite, et l'on fait exploser l'une d'elles au moyen d'un pétard de mélinite.

La cheddite est particulièrement un explosif de mine.

Dans les terres légères, son effet est de 15 % supérieur à celui d'un poids égal de mélinite.

Dans le rocher, au contraire, il faut employer un poids de cheddite supérieur de 40 % à celui de la mélinite nécessaire pour produire le même effet.

Elle est inférieure à la mélinite dans les pétardements à l'air libre.

Enfin la cheddite dégage fort peu de gaz toxiques, soit environ dix fois moins d'oxyde de carbone que la mélinite.

Propriétés de la mélinite. — La mélinite est de couleur jaune pâle et de saveur très amère. Elle prend une couleur jaune vif lorsqu'elle est humide.

Elle présente la propriété d'attaquer assez vivement les métaux, et en particulier le plomb et les métaux alcalins. Elle forme alors des composés très instables, pouvant détoner sous l'influence d'un choc, même léger. Seul, l'étain n'est pas attaqué par la mélinite, aussi peut-on en constituer l'enveloppe des cordeaux détonants.

Il faut, par contre, éviter avec soin le contact de la mélinite avec le plomb.

La *mélinite pulvérulente* est composée de cristaux très fins. On peut la tasser dans une enveloppe par battage ou compression, sa densité varie alors de 1,35 à 1,45. Portée à 120° environ, elle fond et donne par refroidissement une masse compacte de *mélinite fondue* de densité 1,80, formée de cristaux lamelleux de couleur jaune grisâtre ou brune.

A l'air libre, la mélinite s'enflamme très difficilement au contact d'un corps en ignition. Elle brûle avec une flamme fuligineuse, en laissant un résidu charbonneux. Chauffée progressivement jusqu'à 360° environ, elle s'enflamme après s'être en partie sublimée; portée brusquement à cette température, elle fait explosion, mais ne détone pas. Elle est assez peu sensible au choc et à la friction, bien que, dans certains cas, un choc maladroit puisse la faire détoner. L'étincelle électrique ne l'enflamme pas.

La mélinite pulvérulente sèche (contenant 0,5 % d'eau au plus) tassée dans une enveloppe de manière à atteindre une densité de 1,35 à 1,45, détone sous l'action, soit de 1gr 5 de fulminate de mercure, soit du cordeau détonant, quand le contact est bien établi. La mélinite fondue, par contre, ne détone d'une manière sûre que par l'intermédiaire d'une certaine quantité de mélinite pulvérulente.

La mélinite doit être tenue soigneusement à l'abri de l'humidité car, même pulvérulente, elle ne détone plus sous l'action du fulminate dès qu'elle contient 2 % d'eau. Les gaz produits par la détonation de la mélinite sont très vénéneux. Dans un espace restreint, ils peuvent former, avec l'air ambiant, un mélange détonant.

Dans une enveloppe résistante, telle que celle du cordeau détonant, la détonation de la mélinite pulvérulente se transmet avec une vitesse de 7 km à la seconde.

La détonation ne se propage pas dans une traînée de mélinite répandue sur le sol.

Dans une suite de charges au contact, la détonation se transmet avec une intensité sensiblement constante d'abord, mais, après un parcours variable avec le poids des charges, leur mode de constitution et les conditions de leur installation, elle s'affaiblit de plus en plus rapidement, et finalement s'arrête. Pour qu'elle se propage sans diminuer de vitesse et d'énergie, il suffit de relier les charges entre elles au moyen du cordeau détonant.

La détonation peut également se propager dans une série de charges non contiguës, mais l'énergie des explosions successives décroît très rapidement, et d'autant plus que l'intervalle entre les deux charges voisines est plus considérable. Ce mode incertain de transmission ne doit jamais être employé.

La mélinite s'emploie en charges superficielles, mais un léger bourrage augmente les effets de l'explosion.

Cartouches et pétards de mélinite. — La mélinite se trouve surtout dans les approvisionnements de l'infanterie sous la forme du pétard de 135 gr, modèle 1886, dit autrefois « pétard de cavalerie ».

Ce pétard, de forme prismatique, se compose d'une enveloppe emboutie, en laiton étamé et verni.

Le couvercle est soudé à l'étain et est traversé par une douille d'amorçage en cuivre, munie de trois ailettes [1] qui servent à maintenir dans la douille l'amorce fulminante ou le cordeau détonant.

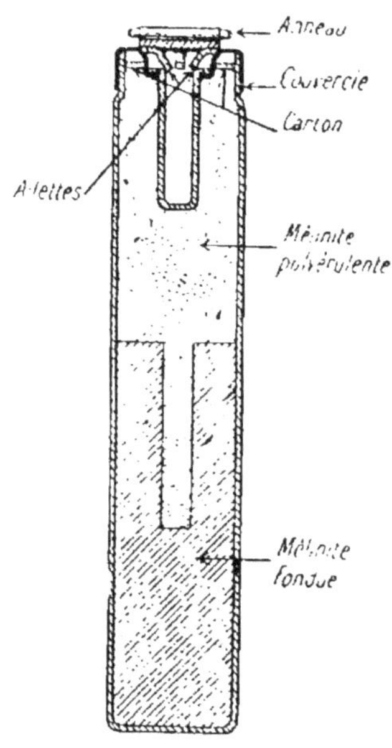

Fig. 122. — Pétard de 135 gr.

Ce pétard contient 135 gr de mélinite, partie pulvérulente du côté de l'amorçage, partie fondue du côté opposé.

Le couvercle est percé d'une alvéole faisant suite à la douille, laquelle est fermée par une rondelle de carton recouverte par une petite bande de laiton soudée au couvercle sur trois côtés. Le côté non soudé est replié à son extrémité pour former une chape embrassant un anneau.

Pour découvrir la douille, il suffit d'engager, dans l'anneau, l'index de la main droite, et d'exercer un effort de traction pour arracher la bande, la main gauche tenant le pétard.

Le pétard complet pèse environ 200 gr.

La cartouche de 100 gr est cylindrique; elle présente, comme le pétard de 135 gr, une alvéole destinée à l'amorçage. Leurs dimensions sont de 129 mm de haut et de 28^{mm}5 de diamètre. On fait encore usage, dans les mises de feu, de pétards de 60 gr, ayant la même section que le pétard de 135 gr, mais de longueur moitié moindre.

Ces pétards sont traversés de part en part par une douille d'amorçage terminée à chaque extrémité par une alvéole à ailettes.

Il existe encore des pétards destinés au chargement

---

(1) Certains pétards sont pourvus de douilles d'amorçage sans ailettes. L'amorce fulminante doit y être maintenue au moyen de petites cales en bois.

des fourneaux et qui contiennent 10 et 20 kg de mélinite.

Ces pétards portent deux douilles d'amorçage. Il existe également des pétards de 1 kg.

La cartouche de 100 gr et le pétard de 60 gr ne contiennent que de la mélinite pulvérulente.

Nature et propriétés de la dynamite. — La dynamite est un mélange en proportions variables de nitroglycérine et d'une matière absorbante inerte ou susceptible elle-même de déflagration. La nitroglycérine, substance huileuse de densité 1,6, blanche ou jaunâtre, très vénéneuse, est la partie active de la dynamite.

Elle est très sensible au choc et même à la friction, et c'est pour cette raison qu'elle ne peut être employée sans être absorbée par un substratum qui diminue les dangers de la manipulation.

Les dynamites les plus habituellement employées sont :

1° Les dynamites gommes, composées de plus de 75 % de nitroglycérine, et de coton azotique;

2° La dynamite n° 0, comprenant 75 % de nitroglycérine et 25 % de cellulose;

3° La dynamite n° 1, contenant 75 % de nitroglycérine et de la silice pulvérulente;

4° La dynamite n° 2, formée de 50 % de nitroglycérine, de cellulose et de nitrate de potasse;

5° La dynamite n° 3, renfermant 30 % de nitroglycérine, du nitrate de soude et du charbon de bois.

La composition de la dynamite est indiquée sur l'enveloppe de chaque cartouche.

La dynamite se présente sous la forme d'une pâte onctueuse dont la densité varie de 1,25 à 1,60. La dynamite gomme possède une consistance gélatineuse, et se laisse couper avec un couteau.

Les cartouches sont constituées par 20, 50 ou 100 gr de produit, enveloppées dans du papier parcheminé.

Aux températures ordinaires, la dynamite se conserve bien.

Elle se décompose sous l'influence prolongée de la

lumière solaire ou d'une température de 60°. Cette décomposition peut devenir assez rapide pour se transformer en explosion.

La dynamite se congèle à + 8° en augmentant de volume. En même temps, la nitroglycérine se sépare en gouttelettes qui viennent perler à sa surface.

Dans cet état, la dynamite devient naturellement aussi dangereuse que la nitroglycérine elle-même, et l'on ne doit s'en servir que s'il est impossible de faire autrement.

Pour dégeler la dynamite, on procède par petites quantités et l'on place les cartouches gelées dans un vase métallique plongé dans un bain-marie à 40°.

Chaque fois que la dynamite a été exposée au froid, on s'assure, en pressant doucement un peu de dynamite dans un papier buvard, que celle-ci ne laisse pas exsuder de nitroglycérine.

L'eau, et même l'humidité de l'air produisent des effets semblables. Il en résulte que la dynamite mouillée doit être également manipulée avec le plus grand soin.

MISE EN ŒUVRE. — La dynamite s'enflamme au contact d'un corps en ignition, sous l'action de l'étincelle électrique, et lorsqu'on la porte brusquement à une température de 190°.

En petite quantité, elle brûle à l'air libre sans faire explosion ; lorsqu'elle est en masse un peu considérable ou en vase clos, la combustion se transforme en explosion.

Elle fait explosion sous un choc entre corps durs, mais à l'air libre la partie atteinte explose seule le plus souvent, et les parties environnantes sont dispersées.

Elle détone, même gelée, sous l'action d'une amorce fulminante. Pour effectuer l'amorçage, on opère comme dans le cas de la cheddite.

La propagation de la détonation, soit dans une charge allongée, soit dans une suite de charges au contact ou simplement voisines, se fait mieux avec la dynamite n° 1 qu'avec la mélinite. Lorsque la dynamite détone franchement, on ne trouve pas de gaz délétères dans les produits de son explosion. On en trouve par contre dans les produits de sa combustion ou de son explosion incomplète.

Pour le transport, on emballe les cartouches, au nombre de 20 à 25, dans des boîtes en carton, bois ou métal à parois non résistantes, les vides étant remplis avec de la sciure de bois ou toute autre matière pouvant amortir les chocs et présentant un pouvoir absorbant vis-à-vis de la nitroglycérine qui viendrait à suinter. Ces boîtes sont renfermées elles-mêmes dans des caisses légères de 25 kg au plus d'explosifs, lesquelles sont calées soigneusement de manière à éviter les chocs. On se garde avec soin de les exposer trop longtemps au soleil et il est bon de les ouvrir pendant la nuit, après une journée chaude. On ne doit jamais transporter la dynamite dans des voitures contenant déjà un chargement de poudre noire. A petite distance, on transporte la dynamite à la main ou sur des civières. La dynamite présente sensiblement la même valeur destructive que la mélinite à poids égal.

Artifices.

AMORÇE FULMINANTE (M^le 1880). — L'amorce fulminante est ce que l'on nommait autrefois un détonateur.

C'est un tube en cuivre rouge embouti, fermé à une extrémité et contenant 1^gr 5 de fulminate de mercure dans une petite capsule intérieure en laiton.

La partie de l'amorce contenant le fulminate est peinte en noir à l'extérieur, suivant toute la hauteur occupée par le fulminate.

Ces détonateurs sont contenus par 30 dans des boîtes métalliques, cylindriques, où ils sont soigneusement calés avec de la ouate.

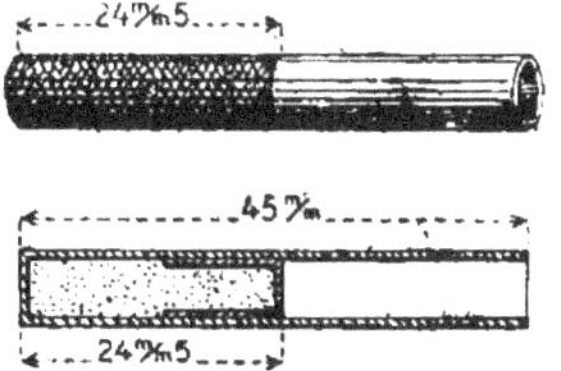

Fig. 123. — Amorce fulminante.

Ces amorces, très dangereuses, doivent être manipulées avec soin. On doit leur éviter les chocs et les élévations brusques de température, aussi bien qu'éviter toute friction. Elles sont toujours tenues loin des explosifs.

Actuellement, les approvisionnements des armées françaises comprennent également des amorces fulminantes achetées dans le commerce. Ces amorces, livrées par boîtes de 50, se distinguent de celles du génie en ce que la paroi externe, correspondant à la partie remplie de fulminate, n'est pas peinte en noir; leur diamètre est supérieur de quelques dixièmes de millimètre à celui des amorces du génie.

Sur la surface extérieure de certains détonateurs, il existe parfois des bavures de fulminate. Il est prudent de les mouiller extérieurement avant de les manipuler.

L'amorce fulminante sert d'intermédiaire entre une mèche lente et un explosif ou un cordeau détonant; il faut, après avoir rafraîchi l'extrémité de ces artifices par une section perpendiculaire, introduire ceux-ci dans la partie creuse de l'amorce, jusqu'au contact du fulminate. On aura soin dans cette opération :

1° De mesurer à l'avance, en tenant compte de la partie noircie, la longueur de mèche ou de cordeau à enfoncer dans l'amorce;

2° D'introduire le cordeau ou la mèche sans le tourner à l'intérieur de l'amorce afin d'éviter tout frottement. Tenant ensuite les deux artifices de la main gauche, l'index passant très légèrement sur le culot de l'amorce afin d'en maintenir le fulminate au contact du cordeau (ou de la mèche lente), on sertit la partie creuse du tube de l'amorce, de manière à en assurer la fixation à l'aide de la pince à sertir qui se trouve dans la trousse d'artificier.

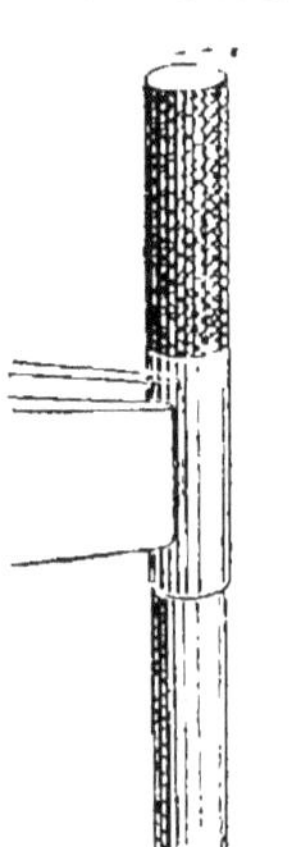

Fig. 124.

Sertir l'amorce fulminante.

Cette pince embrasse entièrement le tube et y produit un embouti qui serre le cordeau ou la mèche lente.

Lorsqu'on ne dispose que de pinces plates, on fixe très aisément l'amorce en la serrant ainsi que l'indique la figure.

On produit ainsi, de chaque côté, un repli longitudinal suffisant pour fixer l'artifice sur la mèche lente.

On ne doit jamais, dans le but de désamorcer un

artifice, retirer une mèche lente (ou un cordeau) d'une amorce fulminante.

Lorsque les joints doivent être placés dans un endroit humide ou immergés, on les recouvre de chatterton ou, à défaut, de paraffine, de cire ou de colle de caoutchouc épaisse. Le chatterton est un mélange de deux parties de gutta-percha, une partie de goudron de Stockholm et une partie de résine.

On le remplace parfois par une composition hydrofuge formée de six parties de goudron, trois de poix noire, deux de poix résine, une demie d'huile de lin, une demie de suif de mouton.

Le chatterton se ramollit à la chaleur et doit être conservé dans un endroit frais. Pour s'en servir, on le ramollit tout d'abord à la flamme d'une bougie maintenue à une distance suffisante des explosifs, ou en l'appliquant sur la partie supérieure d'une lanterne. On presse et on lisse avec les doigts mouillés de manière que l'enduit s'étende à 15 à 20 mm de part et d'autre du joint. Il est bon de strier d'avance l'enveloppe du cordeau détonant pour faciliter l'adhérence de l'enduit.

Mèche lente. — Nommée autrefois cordeau Bickford ou fusée lente, cet artifice sert à communiquer le feu à des charges peu éloignées du point où l'on met le feu, directement lorsqu'il s'agit de poudre noire, par l'intermédiaire d'une amorce fulminante et, s'il y a lieu, de cordeau détonant, lorsqu'il s'agit de mélinite, dynamite ou cheddite.

Cette mèche se compose d'une âme en poudre fine, bien tassée, entourée de deux enveloppes en fil goudronné tressées en sens inverse.

Sa combustion s'effectue à la vitesse de 1 m en quatre-vingt-dix secondes. On met le feu à la mèche lente :

1° Au moyen d'une allumette ou d'amadou, ou encore du boutefeu, sorte de tige souple de 20 cm de longueur, constituée par du papier brouillard mince, trempé dans une dissolution d'acétate de plomb, roulé très serré et collé par le bord. Cet engin, qui a une durée de combustion de vingt minutes environ, brûle en donnant une pointe incandescente très aiguë.

Quel que soit l'organe d'allumage employé, on coupe la mèche lente en sifflet avec un couteau, de manière que le noyau central présente une section de poudre plane et horizontale. On divise cette poudre avec la pointe du canif et c'est sur elle que l'on place la pointe du boutefeu, ou le point d'amadou en ignition.

Un autre procédé consiste à fendre en deux longitudinalement, et sur 2 cm de longueur, la mèche lente par son milieu. On introduit ensuite, entre les deux lèvres, la pointe en ignition du boutefeu.

Cette méthode est inférieure à la précédente.

2° Au moyen de l'allumeur Ruggiéri, modèle 1889. C'est un petit tube de cuivre, fermé à l'une de ses

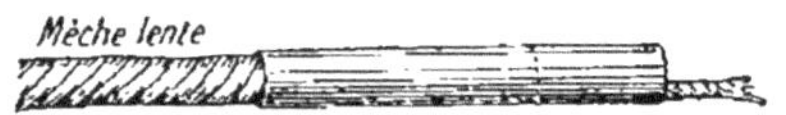

Fig. 125. — Allumeur Ruggiéri.

extrémités par un petit tampon de composition fusante dans lequel est engagée une courte mèche enduite de pulvérin.

Lorsqu'on emploie l'allumeur Ruggiéri, on coupe carrément l'extrémité de la mèche que l'on engage, jusqu'au tampon, dans le tube de l'allumeur. On sertit au besoin, et l'on allume par un moyen quelconque.

Il convient toujours de se méfier des étincelles nombreuses que donne en brûlant l'allumeur Ruggiéri. L'allumeur est serti sur la mèche lente de la même manière que l'amorce fulminante.

Il faut toujours, lorsqu'il s'agit d'une opération importante, vérifier la vitesse des mèches lentes, en en faisant brûler 1 m. On s'assure également que l'âme en poudre de la mèche n'est pas pulvérulente et donne une section brillante.

Cordeau détonant. — Le cordeau détonant permet de faire exploser, à distance, une charge de mélinite dont il détermine l'explosion sans l'intermédiaire d'une amorce fulminante.

Il est lui-même actionné au moyen d'une amorce fulminante, dont l'explosion est déterminée par une mèche lente.

Sa vitesse de combustion est extrêmement rapide : 7.000 m en une seconde, de sorte qu'il permet l'explosion simultanée de charges placées à une grande distance les unes des autres.

Le cordeau détonant se compose d'une âme en mélinite pulvérulente, de 3^{mm} 5 de diamètre, entourée par un tube en étain de 5^{mm} 4 de diamètre extérieur.

Ce cordeau ne peut résister, sans se rompre, à une traction continue de 10 kg. Il est, par contre, très souple et peut être enroulé autour de lui-même, sans se rompre, avec la plus grande facilité.

Il se détruit entièrement lorsqu'il explose et, à 4 m de distance, son explosion est sans danger.

On le conserve en bobines ou couronnes de 50 m, chaque extrémité du cordeau étant coiffée et protégée par un obturateur cylindrique, petit tube de cuivre jaune que l'on sertit à l'extrémité du cordeau et qui est bien plus court que l'amorce fulminante.

Actuellement, les approvisionnements des armées comportent également des cordeaux détonants du commerce, d'un diamètre un peu supérieur, et constitués par une âme de cheddite entourée d'une chemise de plomb. Ces cordeaux sont beaucoup moins souples que ceux du génie et se prêtent beaucoup plus difficilement à la confection de torsades.

On doit éviter de soumettre le cordeau détonant à des chocs violents ou à l'action d'une flamme.

Pour l'employer, on en rafraîchit toujours la section; il en est ainsi par exemple lorsqu'on veut le coiffer d'une amorce fulminante. Dans ce cas, il peut arriver également que le cordeau soit trop gros, on le gratte alors avec soin sur 4 cm de long.

Il en est de même chaque fois qu'il s'agit de le recouvrir d'un obturateur en vue de sa conservation.

L'obturateur est fixé par deux sertissures et le joint recouvert, si besoin est, de chatterton.

Lorsque l'on veut employer une grande longueur

de cordeau, on doit se souvenir que chaque fois que cette longueur dépasse 200 m la détonation perd sa violence et a besoin d'être ravivée. Dans ce but on interpose un ou plusieurs pétards de 60 gr de mélinite sur le trajet du cordeau, de manière à ne pas laisser de fragment de cordeau dépasser 200 m.

Jonctions, raccords et branchements.

JONCTIONS. — L'organisation d'un dispositif de mise de feu peut comporter des jonctions, des raccords ou des branchements.

On nomme jonctions les opérations suivantes : réunion de l'amorce fulminante à la mèche lente, et de l'amorce fulminante au cordeau détonant.

Ces deux opérations s'effectuent de la même manière, ainsi qu'il a été dit au cours de la description de l'amorce fulminante.

On nomme encore jonction la réunion de la mèche lente au cordeau détonant armé ou non d'une amorce fulminante. Cette opération porte encore le nom d'amorçage du cordeau détonant.

Lorsque les deux engins sont pourvus d'une amorce fulminante, ce qui a lieu chaque fois que la mise de feu ne doit pas être immédiate, on lie ensemble les amorces fulminantes par un nœud d'artificier (se faisant comme le nœud de batelier) et plusieurs tours de ficelle fixés par un nœud droit.

Fig. 126. — Jonction de deux amorces fulminantes.

Il faut environ 1 m de ficelle pour faire cette ligature.

Lorsque la mise de feu doit être immédiate il est inutile de coiffer le cordeau détonant d'une amorce fulminante. On entaille l'enveloppe du cordeau détonant de manière à mettre à nu son âme de mélinite sur une longueur d'environ 2 cm et une largeur de 1 cm.

On ficelle ensuite de la même manière que précédemment la partie découverte du cordeau en l'appliquant contre la partie noircie de l'amorce fulminante qui recouvre la mèche lente, l'extrémité du cordeau ne dépassant pas cette partie noire.

Fig. 127. — Cordeau préparé pour une jonction.

Ces jonctions doivent être exécutées avec le plus grand soin et la plus grande précision, si l'on ne veut pas s'exposer à des ratés. La ficelle à employer pour les ligatures doit être fine, lisse et bien serrée.

On peut encore, si l'on ne dispose que d'une amorce fulminante, faire l'amorçage du cordeau détonant par l'intermédiaire d'un ou de deux pétards de mélinite, ainsi que l'indiquent les figures ci-dessous.

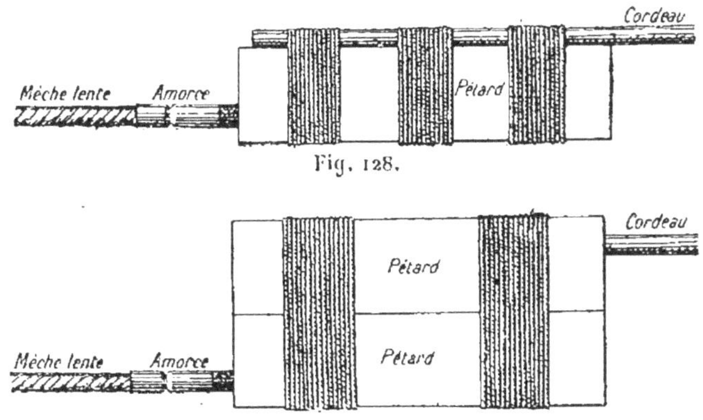

Fig. 128.

Fig. 129. — Jonctions par l'intermédiaire de pétards.

RACCORDS. — On nomme raccords la jonction, bout à bout, de deux brins de cordeau détonant. Les raccords se font sans interposition d'amorce fulminante, par torsades, par un pétard isolé, ou au moyen d'un couple de pétards.

RACCORD PAR TORSADE ESPAGNOLE. — Enrouler, sur une longueur de 15 cm environ, l'extrémité de chacun des cordeaux autour de l'autre en hé-

Fig. 130. — Torsade espagnole.

lice de 4 à 5 spires bien serrées et jointives, de façon à constituer l'assemblage (fig. 130). L'enroulement des cordeaux doit se faire avec précaution, de manière à ne pas endommager leur enveloppe tout en ne laissant aucun jeu dans la jonction. Lorsqu'on craint l'humidité, on recouvre d'un obturateur l'extrémité de chaque cordeau.

RACCORD PAR TORSADE DE TOUL. — Le cordeau qui apporte la détonation est recourbé comme précédemment, celui qui le reçoit est simplement recourbé en crochet.

Fig. 131. — Torsade de Toul.

La longueur des brins noués est d'environ 1m 10.

RACCORD A L'AIDE D'UN PÉTARD DE 60 GR. — Ce raccord est le plus simple, chaque cordeau, l'extrémité bien rafraîchie, étant simplement introduit dans l'une des alvéoles. Dans le cas où le joint doit fonctionner sous l'eau, le bout de chaque cordeau est coiffé, au préalable, par un obturateur.

RACCORD A L'AIDE DE PÉTARDS OU CARTOUCHES. — Ces raccords se font de même que les amorçages (Voir les figures ci-après) exécutés à l'aide d'un ou de deux pétards.

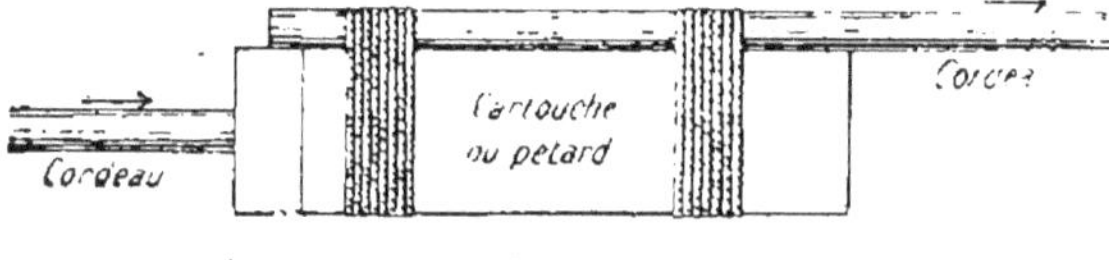

Fig. 132.

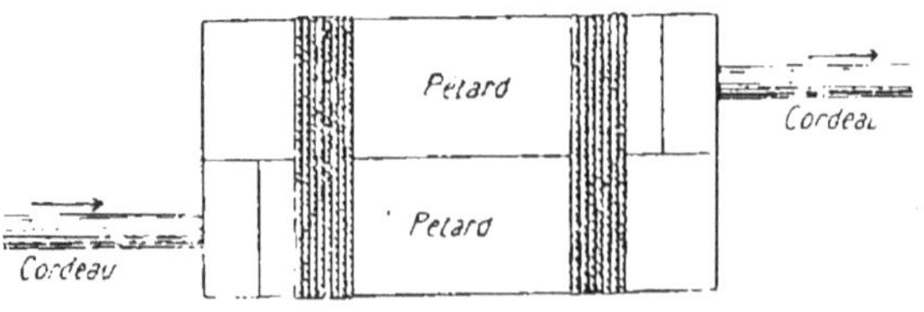

Fig. 133. — Raccords à l'aide de pétards ou cartouches.

BRANCHEMENTS. — Les branchements servent pour

la transmission simultanée du feu à plusieurs fourneaux.

Ils sont simples lorsque d'un *cordeau maître* partent seulement deux *cordeaux dérivés*, multiples lorsqu'un cordeau maître actionne plusieurs cordeaux dérivés.

Le cordeau maître est, bien entendu, celui qui est amorcé.

Les branchements simples s'exécutent par torsades (espagnole ou de Toul) d'après les mêmes principes

Fig. 134. — Branchement par torsade espagnole.

que les jonctions, les deux brins de cordeaux dérivés s'enroulant à la fois ou se recourbant en crochets.

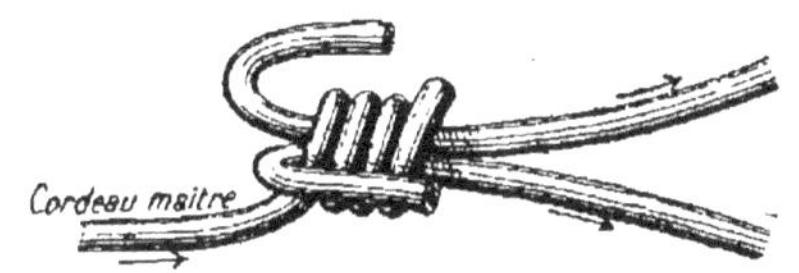

Fig. 135. — Branchement par torsade de Toul.

Les brins dérivés sont écartés l'un de l'autre de 60° au moins.

Les enroulements sont faits avec le plus grand soin et, dans aucun cas, on ne doit effectuer par torsade un branchement comportant plus de deux cordeaux dérivés sur un cordeau maître. Dans le cas où l'on a un plus grand nombre de cordeaux à brancher, on opère par branchements multiples, ou alors on branche tout d'abord deux cordeaux dérivés sur un cordeau maître, puis chaque cordeau dérivé jouant alors à son tour le rôle de cordeau maître, on peut brancher sur lui deux cordeaux dérivés, et ainsi de suite jusqu'à ce que l'on obtienne le nombre de cordeaux désiré. Les branchements multiples s'établissent soit à l'aide d'un pétard de 60 gr, soit à l'aide d'un pétard ordinaire. Couper le cordeau maître au point où doit être établi le branchement, à moins que ce point ne soit l'extrémité même du cordeau, et raccorder les deux tronçons à l'aide d'un pétard de 60 gr.

Fixer par deux ligatures, autour et sur toute la longueur du pétard, les extrémités des cordeaux dérivés, après les avoir coiffés d'obturateurs, si le feu ne doit pas être donné immédiatement.

On peut remplacer le pétard de 60 gr par une cartouche ou un pétard ordinaire en fixant les cordeaux dérivés le long de l'enveloppe, le cordeau maître pénétrant dans l'alvéole.

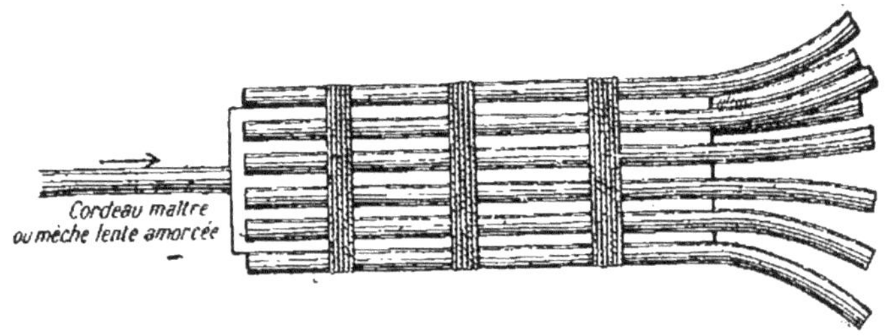

Fig. 136. — Branchement multiple par un pétard de 135 gr.

On peut procéder à un amorçage direct et simultané de plusieurs cordeaux en remplaçant dans ce dispositif le tronçon du cordeau maître, du côté de la mise de feu, par un bout de mèche lente armée d'une amorce fulminante, que l'on introduit dans la douille d'amorçage du pétard.

CHAPITRE XIII

EMPLOI DES EXPLOSIFS

Les charges.

Les explosifs peuvent être utilisés pour renverser des obstacles, mettre hors de service des objets de toute sorte, interrompre des voies de communication, détruire des défenses accessoires, ou préparer, pour les faire éclater sous les pas d'un assaillant, des mines spéciales désignées sous le nom de fougasses. Tout ce qui concerne les fougasses sera traité à part dans le chapitre suivant.

Pour le reste, les troupes d'infanterie n'auront généralement à préparer et à calculer que des charges superficielles, c'est-à-dire externes aux objets à détruire, les charges intérieures n'étant utilisées que dans la guerre de mine.

Confection des charges. Charges concentrées. — Les charges superficielles peuvent être *concentrées* ou *allongées*. Les charges concentrées sont constituées soit au moyen des récipients mêmes contenant les explosifs, soit, dans le cas de la poudre, au moyen de sacs en toile ou en papier, soit, dans le cas des explosifs brisants, au moyen de paquets de pétards ou de cartouches. Il est très important, pour obtenir le maximum d'effet utile, de placer l'explosif en contact étroit avec l'objet à détruire. En outre, un léger bourrage avec de la terre ou du gazon augmente notablement les effets de l'explosion. Il est très utile lorsqu'on utilise la cheddite et indispensable dans le cas, plus rare, où l'on est contraint de se servir de poudre noire.

Enfin, lorsqu'on attaque un mur, il est avantageux d'encastrer les charges à la base de celui-ci. Tous les explosifs peuvent s'employer en charges superficielles concentrées.

Lorsqu'on confectionne ces charges, on doit s'efforcer de bien serrer les pétards les uns contre les autres. De plus on les place tête-bêche lorsqu'il s'agit de la mélinite, de manière que la mélinite pulvérulente de l'un soit au contact de la mélinite fondue de l'autre.

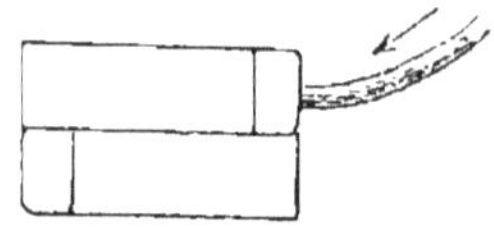

Fig. 137. — Pétards placés tête-bêche.

Un seul pétard du groupe étant amorcé, ces dispositions ont pour but d'assurer l'éclatement de tous les pétards.

Dans le calcul des charges concentrées, les formules usuelles donnent le poids de la charge de mélinite en kilos, représenté par la lettre C ou le nombre total de pétards, représenté par la lettre N.

Charges allongées. — Les charges allongées superficielles ne comportent que l'emploi des explosifs brisants. Elles sont constituées par une ou plusieurs files de pétards placées étroitement l'une contre l'autre.

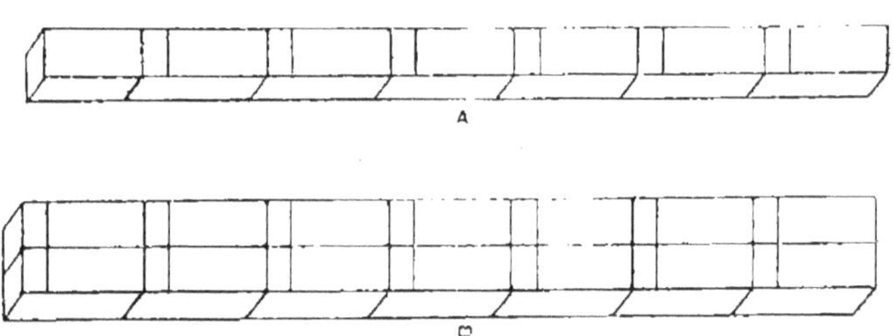

Fig. 138. — Charges allongées. En A, le nombre élémentaire de pétards est égal à 1 ; en B, il est égal à 2.

Les pétards sont tous placés dans le même sens, de manière que la mélinite pulvérulente de chacun d'eux soit en contact avec la mélinite fondue de l'autre.

Le nombre de files de pétards contenu dans la charge allongée est dit *nombre élémentaire de pétards*. Ainsi en A, le nombre élémentaire de pétards est de 1, alors qu'il est de 2 en B. C'est ce que l'on exprime encore en définissant le nombre élémentaire de pétards : nombre de pétards disposés dans le sens de la largeur, qui entre dans la confection d'une charge allongée.

Les formules usuelles donnent pour la valeur des charges allongées, soit la quantité de mélinite au mètre courant, exprimée en kilos et représentée par la lettre C, soit le nombre élémentaire de pétards, représenté par la lettre N.

Entre ces deux données existe la correspondance suivante :

N =	1	2	3	4	5	6	7	8	9	10
C =	0,91	1,82	2,73	3,64	4,55	5,45	6,36	7,27	8,18	9,1

Les charges allongées d'explosifs brisants peuvent être confectionnées au moyen de l'un des procédés suivants :

a) Ficeler jointivement, le long d'une tringle ou d'une volige de longueur convenable, des faisceaux de cartouches ou de pétards. On opère ce ficelage à l'aide de sangles ou tresses en coton ou de bandes de pansement bien serrées. Les ligatures à la ficelle sont faites avec le nœud d'artificier;

b) Remplir de cartouches ou de pétards des gaines en toile de dimensions appropriées. Les gaines en toile ou saucissons des parcs du génie ont une longueur de 4 m, y compris un évasement permettant l'introduction des pétards. Chaque saucisson ne peut contenir qu'une simple file de pétards que l'on fractionne généralement en cinq segments de cinq pétards séparés les uns des autres par de fortes ligatures qui permettent par simple coupure de séparer les segments les uns des autres;

c) Fixer les faisceaux de pétards ou de cartouches le long d'un ou de plusieurs bouts de corde de 8 mm de diamètre environ, à l'aide de bouts de ficelle. On obtient ainsi une *charge souple;*

d) Enfin, on peut encore tasser avec soin de la mélinite pulvérulente soit dans des tubes métalliques de diamètre convenable, soit dans des gargousses en toile.

CHARGES EN COUPLE. — Lorsqu'on se propose de rompre une pièce et que celle-ci est accessible des deux côtés, il y a parfois avantage à disposer la charge en couple. Il en est ainsi, par exemple, dans le cas des plaques et câbles métalliques.

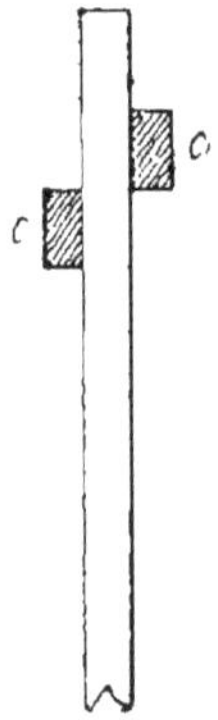

Fig. 139. — Disposition en couple des deux moitiés d'une charge C et C'.

La charge est alors divisée en deux portions égales, placées de part et d'autre de la pièce, mais de manière à se trouver dans des plans différents, le bord de l'une affleurant le bord de l'autre.

On obtient, de cette manière, un effet de cisaillement.

Destructions usuelles.

Les destructions les plus usuelles sont celles à effectuer sur des maçonneries, des pièces métalliques ou des pièces de bois.

MAÇONNERIES NON TERRASSÉES. — Pour ouvrir une brèche dans un mur de clôture ayant, au maximum, 60 cm d'épaisseur, on emploie une charge allongée de mélinite (ou de dynamite) fixée sur une poutre et déposée auprès du mur. La charge est appliquée avec soin contre le mur et peut être maintenue, par exemple, au moyen de piquets.

Il est bon de recouvrir avec un peu de terre ou des mottes de gazon. Cette précaution est indispensable dans le cas de la cheddite. La charge est donnée en kilos par mètre courant pour la mélinite par la formule

$$C = 10e^2.$$

e = épaisseur du mur en mètres.

Pour assurer une meilleure utilisation de l'explosif, ou lorsque le mur a une épaisseur supérieure à 60 cm, on place la charge dans une rigole de 10 à 20 cm de profondeur creus e dans la terre au pied du mur.

Il est préférable de la placer dans une rainure de 15 cm de profondeur creusée dans les maçonneries.

On peut obtenir cette rainure en faisant détoner

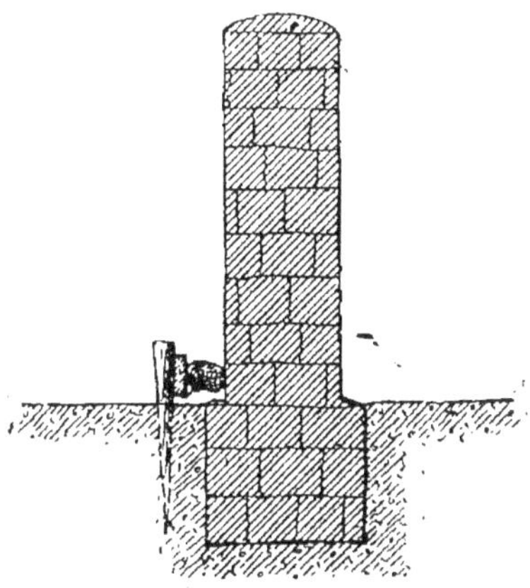

Fig. 140. — Destruction d'un mur C. = 10 e^2.

une file de pétards jointifs disposés contre le mur par

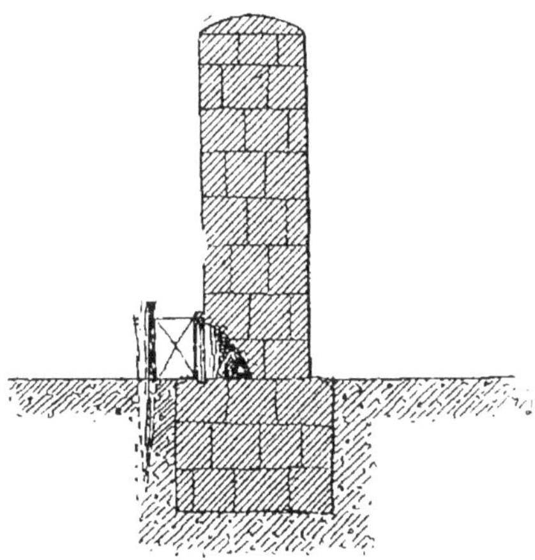

Fig. 141. — Destruction d'un mur. C = 5 e^2.

leur grand côté. On parfait la rainure à l'aide du pic. Dans ce cas, la charge au mètre courant est réduite à

$$C = 5e^2.$$

On peut également démolir un mur à l'aide de

charges concentrées que l'on encastre dans le mur de toute leur épaisseur si l'épaisseur du mur ne dépasse pas 1^m 50.

Si e est l'épaisseur du mur, les charges sont espacées de 2 e d'intervalle et leur poids est donné par la formule

$$C = 5e^3.$$

Pour éviter les projections, il faut se retirer à 15 ou 20 m dans la direction du mur.

Des murs plus épais sont détruits au moyen de fourneaux placés à égale distance des parements. Ce procédé donne des résultats à partir de 1^m 50 d'épaisseur, mais il est surtout pratique pour des murs d'épaisseur supérieure à 3 m.

La charge à employer par fourneau est

$$C = gr^3$$

dans le cas où l'on emploie de la poudre noire.

r est pris légèrement supérieur à la distance séparant deux fourneaux consécutifs;

g est le coefficient de la maçonnerie.

Ses valeurs sont :

2,50 pour de la maçonnerie médiocre;

3,00 à 4,50 pour du roc ou de la bonne maçonnerie ordinaire;

4,50 à 7,00 pour du roc dur et compact, ou du béton de ciment.

Si l'on se sert de la mélinite, on obtient la charge totale de chaque fourneau en multipliant le poids de poudre par le coefficient 3/4.

Les *maçonneries terrassées* se démolissent comme les gros murs lorsqu'on peut disposer d'explosifs brisants.

Batiments en maçonnerie. — On peut attaquer les murs par les procédés décrits ci-dessus; c'est ainsi, également, que l'on détruit les piles de pont, mais on peut encore disposer la mélinite en tas placés sur le sol des locaux à démolir, au rez-de-chaussée ou à la cave. La charge totale C est proportionnelle à la surface S en plan du bâtiment et au carré de l'épaisseur des murs :

$$C = KSe^2.$$

K est un coefficient égal à 2 quand portes et fenêtres sont barricadées, et égal à 4 dans le cas contraire. La simultanéité des explosions est assurée par un cordeau détonant.

RUPTURE D'UNE PLAQUE MÉTALLIQUE. — La charge allongée destinée à rompre une plaque métallique est une charge allongée que l'on dispose suivant la ligne de rupture en commençant perpendiculairement à l'un des bords de la plaque.

La charge est rarement d'une dimension égale à celle de la largeur de la plaque, aussi, pour atteindre l'autre bord, emploiera-t-on l'un des dispositifs figurés ci-dessous. Dans tous les cas, on veille à ce que l'épaisseur de la charge soit partout la même, et à ce qu'elle s'applique étroitement contre l'objet à détruire.

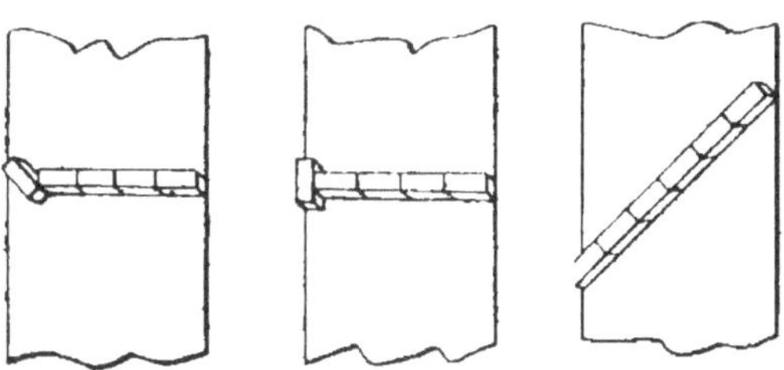

Fig. 142. — Destruction des plaques métalliques.

Le nombre élémentaire de pétards de 135 gr est, dans ce cas, déterminé par la formule

$$N = \frac{2}{3} m.e.$$

applicable aux plaques en fer ou en acier, rivées ou non, et dans laquelle :

m = nombre de tôles simples composant la plaque à rompre;

e = épaisseur totale, têtes des rivets non comprises.

Si la plaque a une largeur inférieure à la longueur d'un pétard, la charge est composée d'un faisceau unique de pétards que l'on dispose obliquement sur toute la largeur, de façon qu'il occupe la moindre longueur de barre possible. Dans le cas d'une barre à section carrée ou ronde, on oriente le faisceau unique de pétards dans le sens de la longueur de la barre.

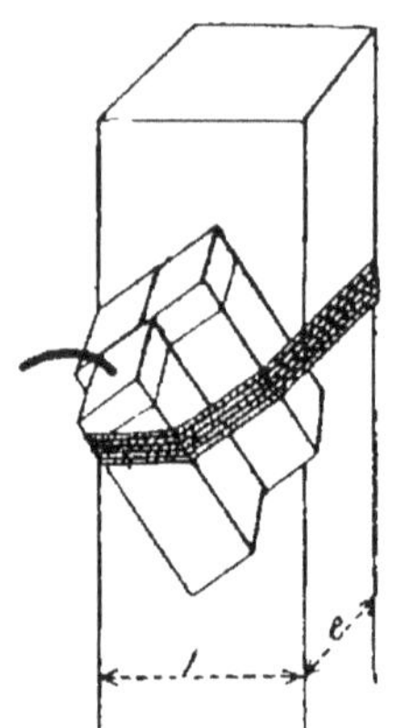

Fig. 143. — Rupture d'une barre métallique.

Les pétards sont maintenus sur la pièce à rompre au moyen de solides ligatures en ficelle ou en fil de fer.

On amorce le pétard le plus éloigné de la surface du métal.

l étant la largeur de la barre exprimée en centimètres et e son épaisseur en centimètres, le nombre total de pétards est donné par la formule

$$N = \frac{1}{20} m.e.l.$$

La rupture des pièces métalliques produit des projections dangereuses. Se placer derrière un abri ou s'en aller à 200 m au moins.

Rupture des fers profilés. — On décompose la section en parties ayant chacune même épaisseur, et les faisceaux de pétards constituant les charges sont placés sur chacune de ces parties considérée isolément.

Le contact le plus étroit est maintenu comme toujours entre les pièces à détruire et les charges.

La simultanéité des explosions est assurée par des cordeaux détonants.

C'est en appliquant ces principes que l'on peut détruire les ponts métalliques.

Rupture des cables métalliques. — La charge est divisée en deux demi-charges placées en couple et réunies par un bout de cordeau détonant.

Lorsque le diamètre du câble est inférieur à 7 cm, chaque demi-charge est composée d'un faisceau unique de pétards disposés parallèlement à l'âme du câble.

Au-dessus de ce diamètre, on donne à la demi-charge une longueur égale à celle de deux pétards placés bout à bout. Les pétards sont fixés sur le câble par couches concentriques.

La charge est calculée à l'aide de l'une des formules :

(1) $$N = \frac{1}{7} d^3.$$

N = nombre total de pétards;
d = diamètre du câble en centimètres.

(2) $$N = \left(\frac{p}{6}\right)^3.$$

p = circonférence du câble en centimètres.

Démolition du matériel d'artillerie. — On met complètement hors de service une pièce de campagne avec une charge de quatre à cinq pétards de mélinite, ou une pièce de gros calibre avec une charge de sept à huit pétards détonant dans l'âme et vers la bouche du canon, que l'on obture au moyen d'un tampon de gazon ou d'argile. Recouvrir la pièce d'une couche épaisse de fascines ou s'éloigner de 400 à 500 m dans la direction de la bouche.

On rend une pièce temporairement inutilisable en faisant détoner un pétard de mélinite contre la charnière de la culasse incomplètement fermée.

Enfin, pour démolir un projectile chargé n'ayant pas éclaté, on fait détoner un pétard de mélinite placé au contact et recouvert de terre.

Mise hors de service des voies ferrées. — La *rupture simple d'un rail* s'effectue en plaçant à l'intérieur de la voie et entre deux traverses deux pétards de champ, l'un au-dessus de l'autre; bourrer légèrement, amorcer l'un des deux pétards.

S'éloigner à environ 100 m dans le prolongement du rail.

On obtient ainsi une brèche de 20 à 40 cm.

Le *couple de cavalerie* est formé par deux charges de rupture simple placées de chaque côté et à 75 cm d'un joint de rail, l'un à l'extérieur, l'autre à l'intérieur de la voie. Les deux charges sont reliées entre elles par du cordeau détonant.

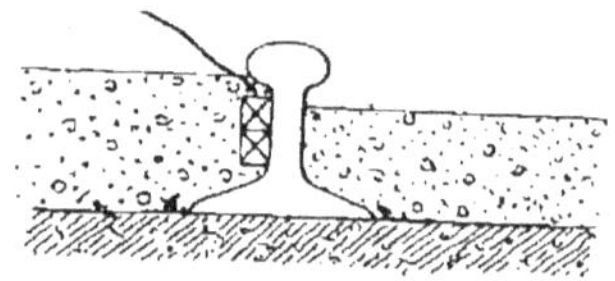

Fig. 144. — Destruction d'un rail.

On produit ainsi dans la voie une brèche de $1^m 80$ de longueur intéressant deux rails.

Rupture des pièces de bois. — Pour couper une pièce de bois en grume ou un arbre sur pied, on emploie une charge allongée disposée sur la circonférence d'une section perpendiculaire à l'axe.

Les pétards peuvent être formés en charge souple sur une corde qui sert à les appliquer contre l'arbre, ou encore maintenus par des pointes recourbées n'entamant pas l'enveloppe.

On assure le contact des pétards avec l'arbre en déterminant à la hache de petites facettes planes sur la surface de la pièce de bois.

On entoure ainsi entièrement le corps de l'arbre, en ayant bien soin que les pétards soient jointifs et que toutes les alvéoles soient tournées du côté du pétard amorcé.

Les poids des charges de rupture sont donnés par les formules :

$$(1) \qquad C = Kd^2.$$

C = poids de la charge en kilos;

K = 10 pour les bois tendres; 13,5 pour les bois durs;

d = diamètre en mètres.

$$(2) \qquad C = K'p^2.$$

K' = 1 pour les bois tendres; 1,3 pour les bois durs;

p = circonférence en mètres.

Pour couper des bois équarris, on dispose la charge sur toute la largeur de l'une des faces.

Si la section de la pièce est presque carrée, il est

bon de placer la charge sur plusieurs faces en reliant les charges partielles par des bouts de cordeau détonant.

La formule donnant le poids de la charge en kilos est :

$$C = Kab.$$

K = 10 pour les bois tendres; 13,5 pour les bois durs; *a* et *b* représentent la section des bois équarris exprimée en mètres.

Lorsque le diamètre ou l'épaisseur de la pièce à rompre dépassent 50 cm, on peut avantageusement

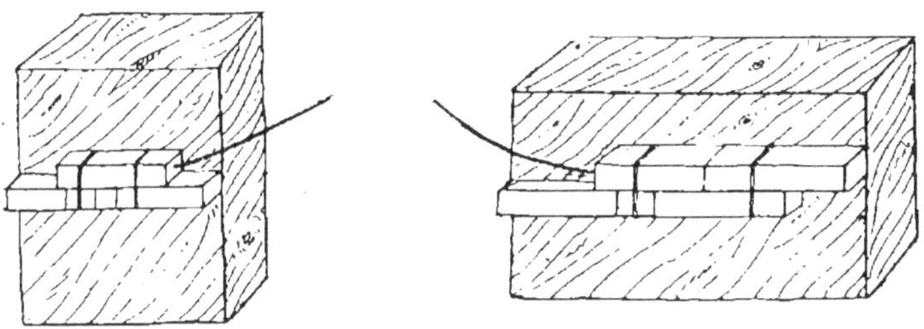

Fig. 145. Fig. 146.
Rupture des bois équarris.

répartir la charge de rupture dans des trous de tarière disposés suivant des rayons ou suivant des diagonales.

On emploie alors la tarière de 35 mm qui permet de percer un trou de 25 cm en moins de cinq minutes.

La charge totale est calculée par l'une des deux formules suivantes :

$$(1) \qquad C = 3d^3$$

et

$$(2) \qquad C = \frac{p^3}{10}.$$

d et *p* représentent respectivement le diamètre et la circonférence exprimés en mètres. On bourre la charge dans un ou plusieurs trous avec de la terre molle, les divers trous ne doivent pas se rejoindre et, dans les cas où la charge est ainsi divisée, on en réunit les diverses parties par du cordeau détonant.

Destruction des défenses accessoires.— *Réseaux de fils de fer.* — Un premier procédé consiste à faire exploser sous le réseau, autant que possible le long d'une série de piquets, une charge allongée rigide de trois à six pétards élémentaires occupant toute la profondeur du réseau.

La charge est partagée en tronçons de 5 m (quelques pétards), plus un appoint complétant la longueur de la charge.

Le tronçon avant comporte un dispositif de tête, avec roulette et capuchon en tôle, facilitant l'introduction de la charge sous le réseau.

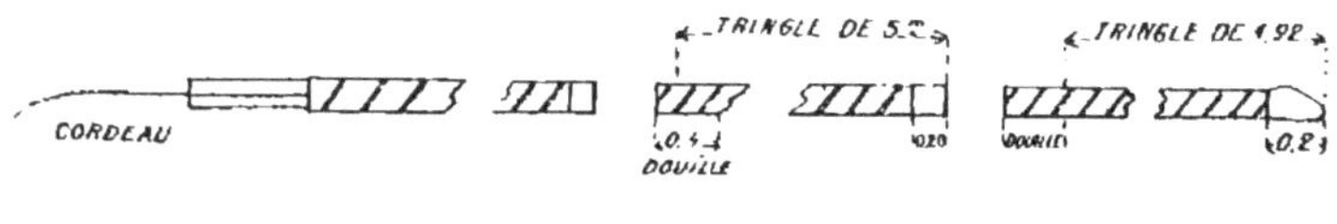

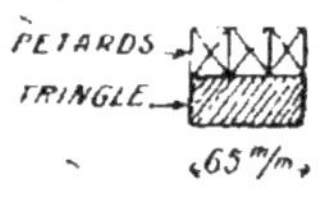

Coupe.

Avant.

Fig. 147. — Dispositif pour la destruction des réseaux de fils de fer.

On adapte à l'avance à l'un des derniers pétards du dernier tronçon un morceau de cordeau détonant non amorcé.

La mise en place de la charge sous le réseau se fait en enfonçant l'avant de chaque tringle dans la douille arrière de la tringle qui précède. On pousse ainsi le tout jusqu'à la lisière opposée du réseau et l'on amorce au dernier moment avec un pétard de 60 gr amorcé.

Pendant la nuit, on peut porter en rampant sous le réseau des charges souples.

Les travailleurs portent des vêtements et des gants de cuir et se fraient en silence un passage à la cisaille.

Les charges souples, de trois pétards élémentaires, sont constituées en tronçons de 5 m qui sont traînés par un homme rampant sous le réseau. Les pétards sont placés dans une gaine de toile liée sur une cordelette et chaque tronçon est relié au suivant par une commande de 2 m.

Les tronçons sont disposés les uns à la suite des autres de manière à ce qu'ils se recouvrent sur une longueur de 10 à 15 cm environ. Ils dépassent de 50 cm les lisières du réseau.

Enfin on peut encore jeter dans le réseau des paquets de 92 pétards (14^{kg} 500) liés par de la tresse et contenus dans un sac à terre. Un bout de cordeau fixé dans l'un des pétards passe par une déchirure du sac et est maintenu à son autre extrémité à l'endroit où se tiennent les assaillants.

Plusieurs charges étant ainsi lancées, on réunit tous les cordeaux à un pétard amorcé.

L'explosion de chacune des charges détruit le réseau dans un rayon de 3 m environ.

Abatis. — Les abatis se détruisent à l'aide de charges allongées rigides, en opérant comme ci-dessus ou, éventuellement, en jetant des charges amorcées comme il vient d'être dit pour les réseaux de fils de fer. Le poids des charges est de 4 kg.

Chacune des explosions détruit l'abatis dans un rayon de 1^m 50 à 3^m 50.

Grilles. — Lorsqu'on veut faire dans une grille une brèche rectangulaire, on coupe les montants, traverses et arcs-boutants en calculant le poids des charges à l'aide des formules données plus haut. A la base, on place une charge allongée.

Pour y pratiquer un trou de forme quelconque, on place en travers de la grille, parallèlement au sol et à deux hauteurs différentes, deux charges allongées, souples ou rigides, de trois pétards élémentaires. Ces charges sont placées, autant que possible, le long et un peu au-dessous des traverses.

CHAPITRE XIV

TORPILLES TERRESTRES

D'une manière générale, on nomme torpilles terrestres de petits fourneaux superficiels que l'on fait éclater au moment où un groupe assaillant se trouve dans leur zone d'action.

Ces torpilles, pour être efficaces, doivent lancer sur l'assaillant une quantité suffisante de pierres et de mottes de terre, mais, outre leur effet matériel, elles produisent toujours sur l'assaillant, même lorsqu'elles sont peu dangereuses, un effet moral que l'on considérerait à tort comme négligeable.

Un simple cordeau détonant parcourant un terrain en zigzags et enfoui à quelques centimètres du sol peut déjà constituer une défense accessoire d'une valeur appréciable. Son explosion blessera les hommes qui marcheront au-dessus de l'endroit où il se trouvait, projettera des cailloux et de la terre, et démoralisera considérablement les assaillants.

Les torpilles terrestres les plus faciles à employer sont les fougasses en tranchée et les fougasses pierriers.

FOUGASSES EN TRANCHÉE. — Les fougasses en tranchée sont les plus simples, elles sont d'exécution

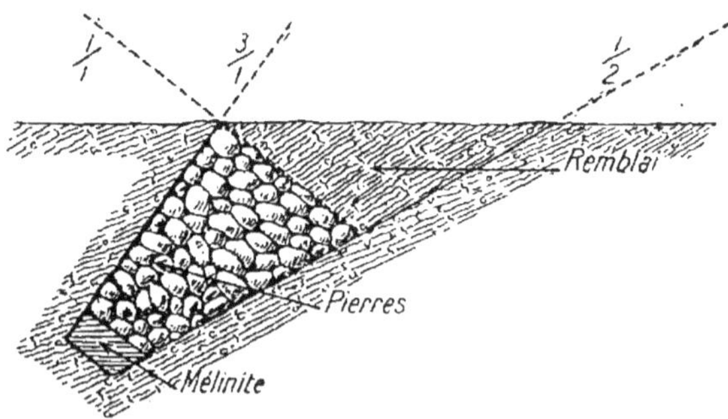

Fig. 148. — Profil d'une petite fougasse en tranchée.

très rapide et sont préparées à la mélinite ou à la cheddite.

Pour les préparer, on creuse une tranchée ayant le profil ci-contre (fig. 148), et dont le tracé peut être droit ou sinueux. Dans cette tranchée, on place une charge allongée constituée par cinq ou six files de pétards.

Au-dessus de cette mélinite on place des pierres qui sont projetées au moment de l'explosion.

Si P est le poids des matériaux à projeter, le poids de mélinite à employer sera :

$$p = \frac{P}{100}$$

On recouvre de terre et on dissimule avec soin.

Une semblable défense se place de 20 à 25 m en avant des tranchées.

On peut encore faire une série de petites fougasses en tranchée distantes les unes des autres de $1^{m}50$, chacune d'elles ayant le profil indiqué ci-dessous et le plan figuré ci-contre.

On dispose, en avant de la ligne de feu, une série de ces petites fougasses, et on les relie l'une à l'autre par un cordeau détonant parallèle à la ligne des fougasses. Chaque fougasse contient 2 à 4 pétards de 135 gr de mélinite.

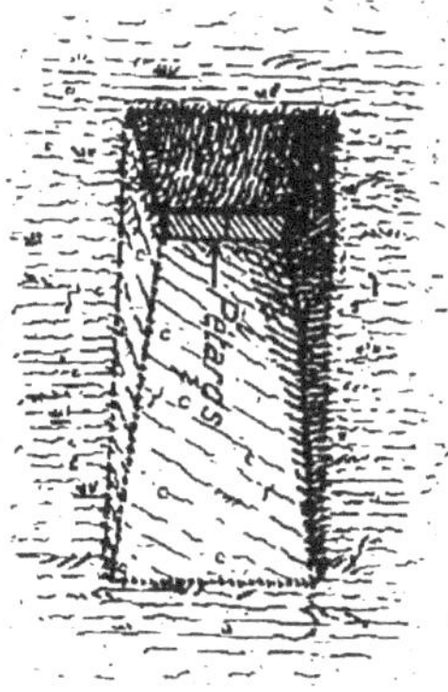

Fig. 149. — Plan d'une petite fougasse en tranchée.

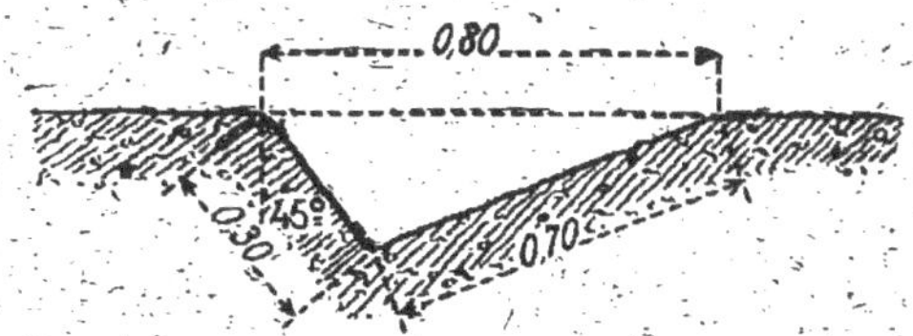

Fig. 150. — Fougasse en tranchée.

Fougasses pierriers. — Les fougasses pierriers sont constituées par un entonnoir creusé dans le sol, au fond duquel on dispose une charge d'explosif, puis un

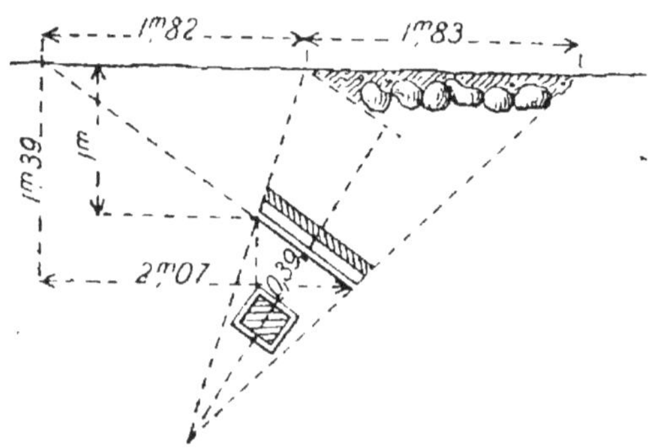

A. — Fougasse chargée de mélinite.

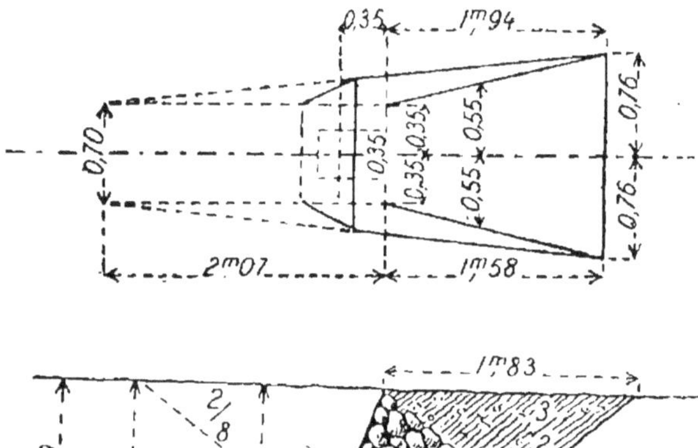

B. — Fougasse en tronc de pyramide.

Fig. 151.

plateau de bois sur lequel on dispose des pierres qui doivent être projetées par l'explosion. Ces fougasses doivent être, autant que possible, à mise de feu automatique. Ces mises de feu sont obtenues :

1° Par rupture d'un tube contenant de l'acide sulfurique qui, en se répandant sur un mélange de chlorate de potasse et de soufre, ou de sucre, peut enflammer directement la poudre noire;

2° Par un mécanisme analogue à celui des fusils de guerre (ressort à boudin avec percuteur à gâchette), le percuteur agissant sur une amorce fulminante lorsqu'on exerce une traction sur un fil tendu sur le passage de l'ennemi;

3° Inflammation par une étoupille d'artillerie;

4° Dispositifs électriques, ces derniers étant les plus délicats à réaliser.

La fougasse qui, théoriquement, donne le meilleur rendement, est la fougasse pierrier en tronc de cône à axe incliné de 45°, mais celle dont l'exécution est la plus pratique est la fougasse pierrier en tronc de pyramide. Les fougasses pierriers sont toujours construites dans un terrain vierge et solide; une fois chargées et prêtes à être tirées, elles ne doivent pas laisser sur le sol de traces qui puissent révéler leur existence.

Le tir s'effectue sous une pente de 3/2. Le plateau étant perpendiculaire à cette direction, a une pente de 2/3 par rapport à l'horizon.

Le centre des poudres doit être placé au moins à 1 m au-dessous du niveau du sol. La charge peut être calculée par la formule :

$$P = 1 + 10 V.$$

P = poids de la charge exprimée en kilos.
V = volume de pierres à projeter.

Les pierres doivent avoir 10 cm environ de diamètre.

Lorsqu'on le peut, on laisse un espace vide entre le sol, reconstitué artificiellement sur des fascines, et les pierres à projeter, ce qui augmente beaucoup les effets des fougasses. Il est bon de laisser aussi un certain espace entre les poudres et le plateau, cela diminue les chances de projection en arrière.

Fougasses ordinaires. — Les fougasses ordinaires sont constituées par une série de petits puits forés et reliés les uns aux autres par une rigole de 60 cm de profondeur, dans laquelle on dissimule un cordeau détonant, destiné à transmettre la détonation.

Des boîtes de poudre sont ensuite placées dans les puits et le tout est dissimulé le mieux possible.

Pour obtenir les puits, on fait à la barre à mine un forage de 2 m à 2m 50 de profondeur, au fond duquel on fait exploser un pétard de mélinite. On verse alors dans la chambre une charge de poudre de 15 à 25 kg.

Ces fougasses sont placées à une distance telle des retranchements que le bombardement ait le moins de chance possible de les atteindre et que les défenseurs soient à l'abri des projections. Une distance de 100 m au moins est indispensable. On peut disposer ces fougasses sur plusieurs lignes. On y mettra aisément le feu en les reliant à la tranchée par un cordeau détonant auquel il est facile de mettre le feu avec une amorce fulminante et un bout très court de mèche lente. La mise en action ne sera pas instantanée comme dans le cas de l'allumage électrique, mais elle sera suffisamment rapide et pourra être avantageusement employée par des troupes ne possédant que le matériel de mise de feu de l'infanterie.

L'explosion des fougasses ordinaires doit bouleverser le terrain miné.

TITRE V

PASSAGE DES RIVIÈRES

CHAPITRE XV

GÉNÉRALITÉS — PASSAGES ET PASSERELLES SANS SUPPORT OU SUR SUPPORTS NON FLOTTANTS

GÉNÉRALITÉS. — Au cours des opérations, qu'il s'agisse de guerre de mouvement, d'aménagement de cantonnements ou de positions, l'infanterie a souvent besoin, pour ses usages particuliers, de construire des ponts légers ou des passerelles, en utilisant des matériaux de fortune.

Ces constructions devront parfois être faites en dehors de toute aide provenant des troupes du génie.

Elles seront le plus souvent limitées à des passerelles légères, susceptibles de supporter uniquement le poids d'hommes isolés. Cependant, il sera parfois nécessaire de recourir à l'emploi de ponts légers pouvant permettre le passage d'un train de combat. L'emplacement du pont sera choisi de telle sorte que l'accès des ponts ou passerelles soit aisé, que le fond ait, s'il s'agit de ponts à supports fixes, une consistance favorable. Près de l'ennemi, l'emplacement sera subordonné à la situation.

On n'oubliera pas de procéder, en cas de besoin, à l'organisation des abords.

Le choix du genre de pont est subordonné à la nature des matériaux existant dans le voisinage, à la vitesse du courant, à la profondeur, à la nature du fond, au temps dont on dispose, etc.

Dispositifs et manœuvres élémentaires. — L'établissement de passerelles comporte plusieurs dispositifs, toujours les mêmes, et un certain nombre de manœuvres élémentaires qui se retrouvent sans cesse, et qu'il importe de décrire.

Corps morts. — Les corps morts sont des pièces de bois de fortes dimensions que l'on place sur les rives de la rivière à traverser aux aboutissants du pont à construire. Ces pièces servent à supporter les poutrelles du pont. Ces dernières sont fixées au corps mort au moyen de cordes, ou encore par un ancrage par taquets brêlés ou clameaux.

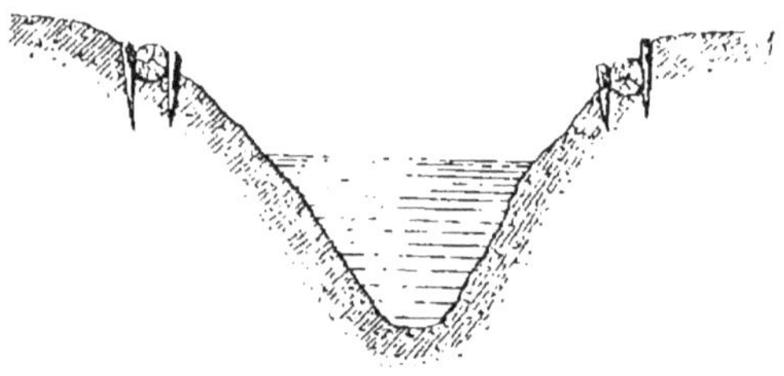

Fig. 152 — Corps morts.

Parfois on place, en arrière de chaque corps mort, un madrier de champ, sur lequel viennent buter les extrémités des poutrelles. On nomme *culée* le dispositif qui, installé sur la rive, sert de support à l'extrémité d'un pont.

Tablier. — Le tablier d'un pont de circonstance se compose de poutrelles reposant sur les corps morts ou sur les chapeaux des chevalets, et d'un platelage en rondins, planches, fascines ou claies, maintenues en place par un guindage ou par tout autre moyen de fixation. Le guindage consiste à serrer les rondins formant le platelage entre les poutrelles du pont et des perches ou poutrelles, dites de guindage, placées au-dessus. Le serrage est assuré à l'aide d'un billot fixé lui-même à la poutrelle de guindage. On tord la corde de manière que si le billot venait à se détacher, il ne soit pas projeté vers la chaussée du pont, mais bien au contraire vers l'extérieur.

Le meilleur platelage est un platelage en planches ou en madriers. On emploie, à défaut, des rondins jointifs recouverts d'un peu de terre.

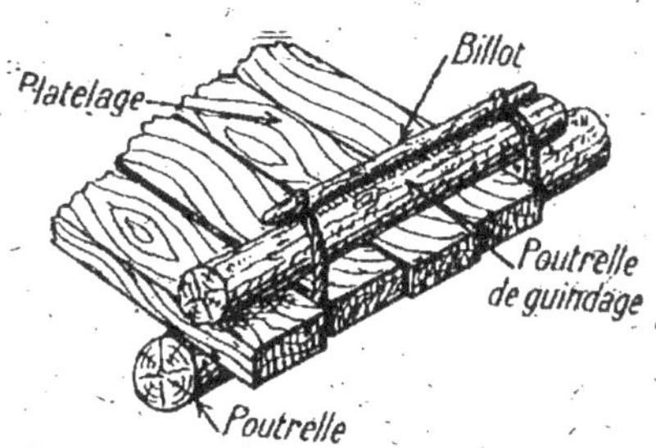

Fig. 153. — Guindage.

On évite avec soin toute saillie du guindage vers l'intérieur du tablier surtout lorsque des véhicules doivent passer sur le pont. Pour cela, on assemble, en sifflet si besoin est, les poutrelles de guindage. Le tablier d'une passerelle peut être constitué simplement par des claies supportées par des poutrelles reposant sur les corps morts ou chapeaux.

ÉCHANTILLON DES MATÉRIAUX A EMPLOYER. — Lorsqu'on se propose de construire un pont léger mais pouvant supporter le poids de cavaliers, il faut que le côté des poutrelles, si elles sont équarries, soit égal au 1/40 de leur portée.

On n'emploiera jamais de poutrelles ayant moins de 10 cm de côté. La résistance d'une poutrelle ronde est les 7/10 de celle d'une poutrelle carrée ayant pour côté le diamètre de la poutrelle ronde, Avec les poutrelles rondes le rapport entre le diamètre et la portée est donné par le tableau ci-dessous :

Portée . .	3m	4m	5m	6m	7m	8m
Diamètre.	0m 11 à 0m 12	0m 13	0m 16	0m 16	0m 22	0m 23

Les passerelles légères pour fantassins isolés peuvent, cela va sans dire, être construites avec des matériaux moins résistants.

Lancement d'une poutrelle au-dessus d'une brèche ou d'un cours d'eau. — Lorsque la largeur d'un cours d'eau n'est pas trop grande, mais que sa profondeur ne permet pas de marcher dans le fond de la rivière, ou encore que l'on ne possède pas d'embarcation, la première opération à effectuer consiste à placer une poutrelle entre les deux rives.

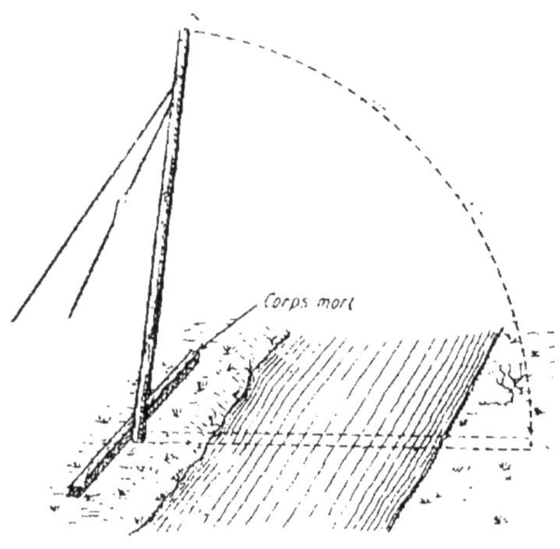

Fig. 154. — Lancement d'une poutre par rabattement.

Cette opération peut être effectuée par l'un des procédés suivants :

1° Lancement par rabattement. — Si on ne peut s'installer sur la deuxième rive et si la poutrelle à mettre en place n'est pas très lourde, la dresser verticalement contre la culée, puis la laisser retomber sur la deuxième rive en dirigeant son mouvement au moyen de deux cordes. Avoir soin de buter son extrémité inférieure (contre la culée par exemple) et de la caler pour qu'elle ne glisse dans aucun sens pendant le rabattement.

2° Lancement par porte à faux (sur rouleaux, sur avant-train, ou sur une rampe). — Si la poutrelle est trop lourde pour opérer par rabattement, on peut la lancer par un des procédés suivants :

Sur rouleaux. — Prolonger d'abord la poutrelle au moyen d'une poutrelle auxiliaire, brêlée sous elle et assez longue et lourde pour lui faire contrepoids jusqu'à ce que son bout d'avant atteigne la deuxième rive.

Placer la poutrelle perpendiculairement à la rive ou, si le terrain en arrière ne le permet pas, parallèlement à cette rive.

Dans le premier cas, la poser sur des rouleaux parallèles au bord de l'eau et la faire avancer en poussant son bout d'arrière et en pesant dessus jusqu'à ce que le bout d'avant de la poutrelle à lancer soit au-dessus de la deuxième rive.

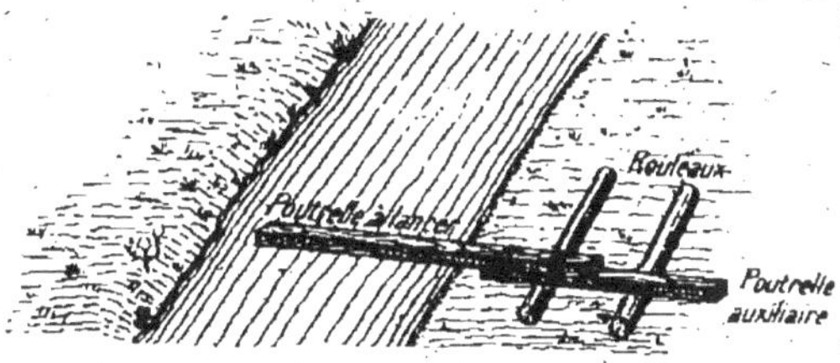

Fig. 155. — Lancement par porte à faux sur rouleaux parallèles à la rive.

Dans le deuxième cas, la poser sur un rouleau incliné à 45° sur sa direction et placé sous le milieu de sa partie jumelée, puis la faire pivoter sur le rouleau en maintenant celui-ci avec des leviers.

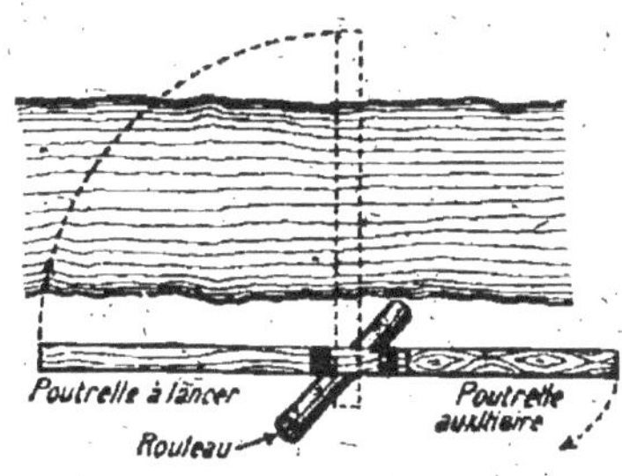

Fig. 156. — Lancement de la première poutrelle par porte à faux sur rouleau placé obliquement à la rive.

Sur avant-train de voiture. — 1° Si la rive est trop basse pour qu'on puisse opérer avec des rouleaux, prolonger la poutrelle à lancer, poser et brêler la poutrelle auxiliaire sur un avant-train et faire contrepoids au bout de celle-ci pendant le lancement;

2° Si la deuxième rive est trop haute pour qu'on puisse opérer ainsi, placer le bout d'arrière de la poutrelle sous l'essieu et sur la traverse de bout d'une échelle de manœuvre brêlée sur celui-ci.

Pour lancer la poutrelle, pousser l'avant-train en avant en agissant sur le bout d'arrière de l'échelle et en pesant dessus.

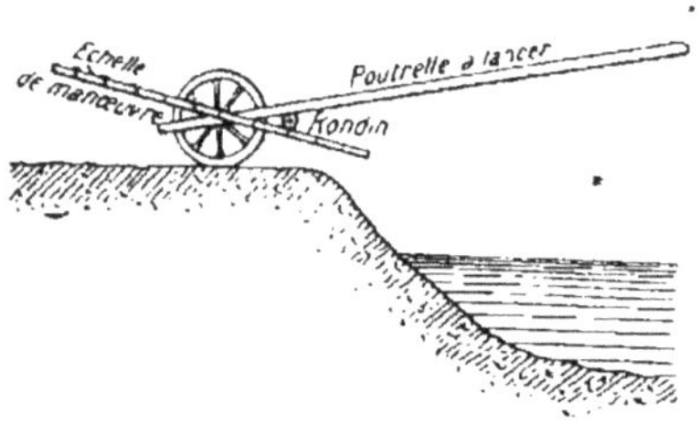

Fig. 157. — Lancement de la première poutrelle par porte à faux, sur rive haute au moyen d'un avant-train de voiture.

Sur rampe en saillie sur la rivière. — A défaut d'avant-train, former une rampe avec deux perches *A* et deux traverses *E;* la maintenir à la pente convenable en agissant à l'extrémité de deux leviers *B,*

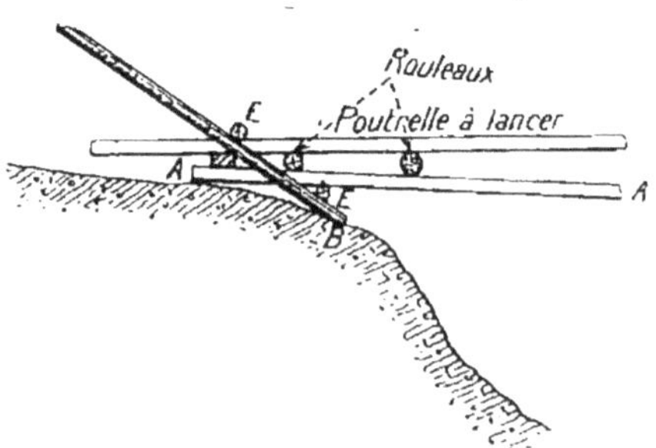

Fig. 158. — Lancement sur rampe.

engagés entre les deux traverses; poser des rouleaux sur la rampe; faire avancer la poutrelle sur les rouleaux et la faire reposer sur la deuxième rive en diminuant progressivement l'action de contrepoids exercée sur la rampe au moyen de leviers.

Lancement avec une bigue a bascule. — Lorsque la hauteur de la première rive au-dessus du fond de la rivière est assez grande par rapport à la largeur de la brèche à franchir, employer une bigue (ou une échelle) inclinée vers la première rive, le pied aussi près que possible du milieu de la rivière (sans qu'il puisse cependant glisser en avant pendant le rabattement), la fourche de la bigue à un niveau supérieur à celui du corps mort.

Brêler une des extrémités de la poutrelle dans la fourche et fixer deux cordes aux sommets des montants de la bigue.

Pousser en avant la poutrelle de manière à rabattre la bigue vers la deuxième rive en modérant son mouvement avec les cordes.

Si la bigue doit être très inclinée sur la première rive, l'empêcher de glisser en avant pendant son rabattement en la retenant avec des cordes fixées au point de croisement de ses montants et de sa traverse.

Enfin, lorsque la seconde rive est accessible, on se contente de tirer cette poutre d'une rive à l'autre à l'aide d'une corde.

Ponts et ponceaux sans supports intermédiaires. — La construction de semblables ponts cesse d'être aisée dès que la largeur à traverser dépasse une dizaine de mètres.

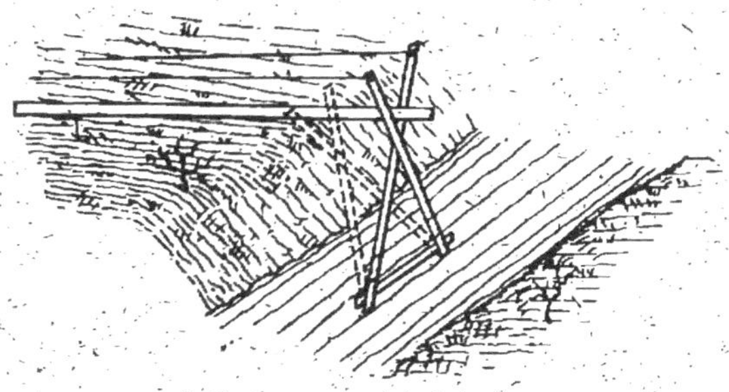

Fig. 159. — Lancement à l'aide d'une bigue à bascule.

On fait alors reposer les poutrelles par leurs extrémités sur des corps morts placés sur les deux rives, en nombre suffisant pour supporter la charge. Sur chaque corps mort, lorsque les poutrelles sont constituées par des troncs d'arbres, on a soin de les disposer de manière à ce que les poutrelles successives se présentent alternativement par le gros bout et par le petit bout.

Pour faire travailler également chaque poutrelle, il est bon de les relier en dessous par des traverses brêlées.

Le tablier peut être constitué soit par des rondins maintenus par un guindage, soit par des claies.

Ponts a supports intermédiaires. — Lorsqu'il s'agit de passerelles ou ponts légers, les supports intermédiaires peuvent être constitués soit par des voitures placées dans le sens du courant, et sur les ridelles desquelles s'appuie le tablier, soit par des gabions remplis de terre (cas d'un large fossé rempli d'eau), soit par des chevalets, soit par des pilots.

Chevalets. — Les chevalets sont exécutés à l'aide de bois de 10 à 15 cm de diamètre, solidement réunis

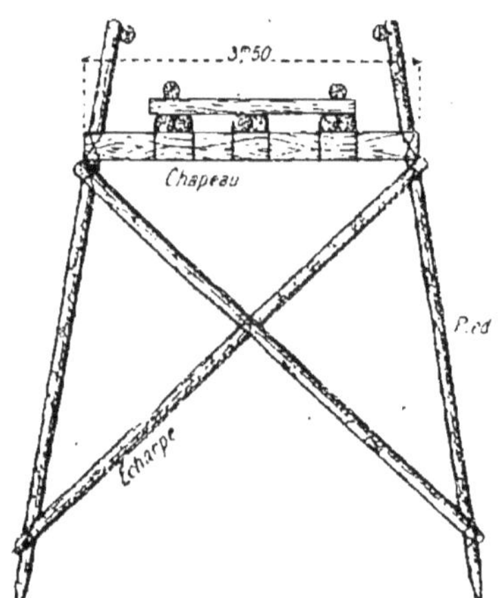

Fig. 160. — Chevalet-palée.

entre eux par des brêlages en corde ou en fil de fer. On les espace généralement de 3 à 4m 50. Il existe divers types de chevalets, parmi lesquels le plus pratique est le chevalet-palée, constitué comme l'indique la figure 160.

La grande base du chevalet doit être égale à la petite base, augmentée du tiers de la hauteur.

Le chevalet est mis à l'eau au moyen d'une rampe constituée par deux perches de manœuvre reposant par leurs petits bouts sur le fond, à 3 m en avant du corps mort ou du dernier chevalet placé et par leurs gros bouts sur celui-ci.

Les perches sont disposées par quatre hommes, qui en enfoncent la pointe dans l'eau de manière à les empêcher de flotter; quatre autres hommes couchent le chevalet sur la rampe et le font glisser en le retenant par des cordes de manœuvre placées autour de ses pieds. Les quatre hommes qui ont préparé la rampe redressent le chevalet verticalement en soulevant le gros bout des perches qui constituent la rampe, et aussi en poussant le chapeau du chevalet à l'aide de deux poutrelles de manœuvre brélées sur le chapeau.

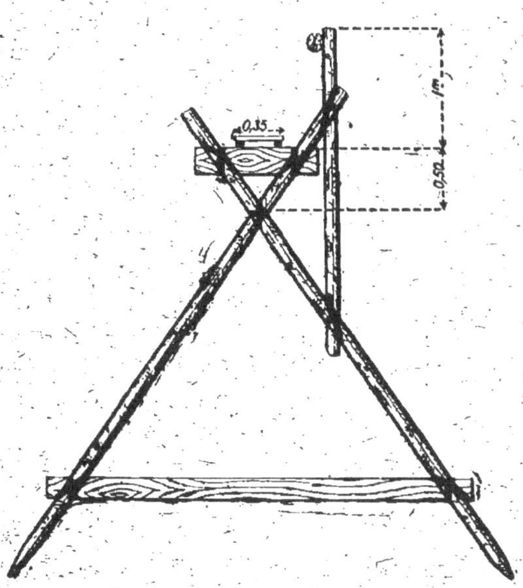

Fig. 161. — Chevalet en croix de Saint-André.

Un homme passe alors sur le chevalet et l'enfonce à la masse. On lui amène ensuite les poutrelles définitives et il les brèle sur le chapeau. Les poutrelles de manœuvre peuvent alors être enlevées et la construction du tablier mise en train.

Pour effectuer la construction d'une passerelle légère, on peut employer le chevalet en croix de Saint-André figuré page 147. Le tablier de cette passerelle est constitué par une échelle et des planches, ou encore par des poutrelles supportant des claies.

La mise à l'eau des chevalets se fait comme dans le cas des chevalets-palées.

Les ponts de chevalets-palées sont à recommander chaque fois que l'on dispose d'un temps assez grand et lorsqu'il s'agit de faire passer une charge assez forte d'un bord à l'autre du cours d'eau. Leur pose est très rapide dès que les chevalets ont été préparés.

Les brélages sont exécutés en corde ou en fil de fer.

Passerelles de petits pilots. — Les palées (corps de support) se composent chacune de deux, trois ou quatre petits pilots (de 12 à 15 cm de diamètre) réunis par un chapeau et parfois, en outre, par des écharpes.

Le chapeau est soutenu par des taquets brélés. Les palées ayant une grande hauteur sont consolidées par des contre-fiches. Les pilots sont enfoncés, en sol graveleux, de 80 cm environ.

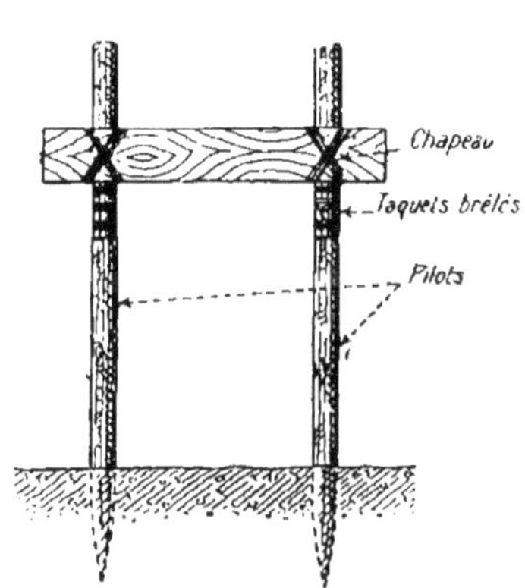

Fig. 162. — Petits pilots.

Les pilots légers, tels que ceux qui servent à faire des passerelles, sont enfoncés à l'aide d'une masse.

Lorsqu'on ne dispose pas d'une embarcation, on plante le pilot, soit au moyen d'une passerelle de manœuvre, soit au moyen d'une plate-forme.

La passerelle de manœuvre est une échelle assez longue et assez solide pour que, disposée en porte à faux sur la partie du tablier déjà construite, on puisse agir sur elle pour faire contrepoids à l'homme ou aux hommes placés à son extrémité pour placer le pilot.

Dès qu'on le peut, on soutient cette partie avec deux perches ou deux gaffes plantées de chaque côté.

Lorsque le tablier déjà construit n'est pas assez solide pour supporter les hommes chargés de faire contrepoids, on fait supporter l'avant de la plate-forme par le pilot à planter et on emploie, pour constituer celle-ci, deux poutrelles brélées sur le pilot de la grandeur de celui-ci et couvertes de quelques planches.

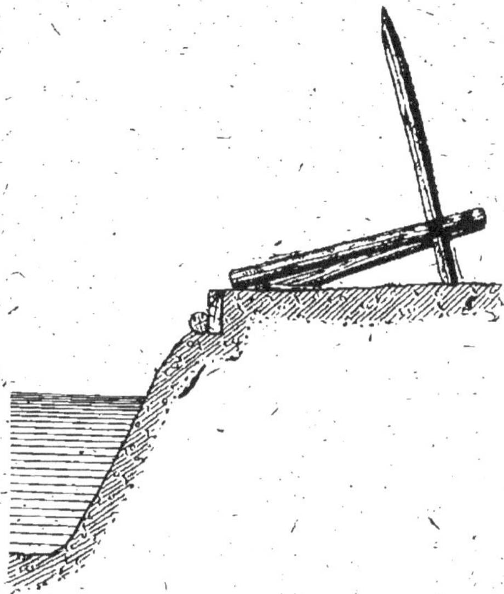

Fig. 163. — Plate-forme de manœuvre avant la mise à l'eau.

La plate-forme est mise en place par rabattement. Pour cela, on la dispose d'abord sur le sol, le dessus en dessous et l'avant en arrière, puis on la réunit au pilot, à une distance de la tête de celui-ci au moins égale à l'enfoncement qu'il aura. On assure la position de la plate-forme, de manière qu'après son rabattement en avant la pointe du pilot touche l'eau à l'emplacement voulu. On rabat alors la plate-forme en dirigeant son mouvement avec des cordes de retraite et on soulève au besoin son arrière pour placer le pilot verticalement, dès qu'il repose sur le fond de la rivière.

A défaut de masses existantes, on peut en constituer avec un morceau de bois noueux de 20 cm environ de grosseur, percé avec une grosse tarière d'un trou pour la fixation d'un manche.

La passerelle de petits pilots est très rapidement construite et, lorsqu'elle est bien faite, se prête fort bien au passage de l'infanterie en colonnes.

Une échelle solide constitue une excellente passerelle de manœuvre.

CHAPITRE XVI

PASSAGE ET PASSERELLES SUR CORPS FLOTTANTS

Le passage des rivières sur des ponts à supports flottants, plus simple à première vue que le passage sur des ponts à supports fixes, offre cependant, le plus souvent des difficultés plus grandes, et nécessite fréquemment une assez grande dépense de temps.

Les corps flottants peuvent être amarrés directement aux deux rives ou encore fixés sur un câble tendu, en amont du pont, en travers de la rivière, et sur laquelle chaque corps flottant vient s'amarrer.

On peut constituer assez rapidement des passerelles au moyen de sacs, de tonneaux ou de poutres de bois bien sèches.

Radeaux de sacs. — On emploie des sacs de toile imperméable ou, à défaut, des sacs en tissu serré : sacs postaux, sacs à distribution.

Ces sacs sont bourrés avec de la paille bien sèche ou avec des roseaux, des brindilles, de l'herbe ou des feuilles.

Fig. 164. — Passerslle de sacs.

Le remplissage doit être fait avec soin, la paille aussi tassée que possible.

Pour cela, il faut que, le sac étant tenu par deux hommes, un autre monte dedans pour que la paille se tasse. Ces sacs sont fermés par deux ligatures. On ferme au besoin, également par une double ligature, chacune de leurs déchirures.

Pour former un radeau pouvant supporter le tablier d'un pont, on dispose les sacs sur le sol, sur un seul rang parallèle à la rive et on les brèle en travers soit sur une échelle, soit sur deux perches.

S'il y a du courant, le sac d'avant est placé en long et parfois même on fait un avant-bec avec deux planches de champ. Lorsque la longueur d'un radeau est telle que sa stabilité transversale est douteuse, on brèle ensemble plusieurs radeaux élémentaires pour former le radeau définitif.

Les radeaux servent de support au tablier du pont.

On peut également placer un seul radeau en travers du courant et passer dessus.

Radeaux de tonneaux. — Les radeaux sont constitués par un châssis sous lequel sont placés les tonneaux. Ceux-ci sont maintenus par un brélage en corde ou en fil de fer.

Le châssis le plus simple est constitué par deux poutrelles.

Les tonneaux sont alors placés soit en file, parallèlement aux poutrelles, soit sur un rang, perpendiculairement à celles-ci. On accole au besoin deux radeaux élémentaires pour former le radeau définitif, lequel s'emploie comme le radeau de sacs.

Passerelle a tablier flottant. — On peut constituer une passerelle en clouant des madriers ou des

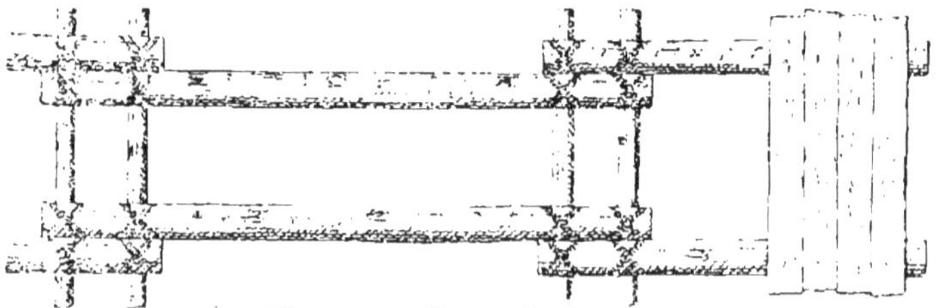

Fig. 165. — Passerelle flottante.

rondins sur deux files de corps d'arbres flottants, espacés d'environ 1 m. On opère sur le sol, le long de la rive en amont, puis on met la passerelle à l'eau et on la fait converser.

TABLE DES MATIÈRES

TITRE V

PASSAGE DES RIVIÈRES

NANCY-PARIS, IMPRIMERIE BERGER-LEVRAULT — DÉC. 1915

www.ingramcontent.com/pod-product-compliance
Lightning Source LLC
Chambersburg PA
CBHW071850200326
41519CB00016B/4316

* 9 7 8 2 0 1 9 6 1 9 9 9 2 *